"十三五"职业教育国家规划教材配套教材

C语言程序设计实训

包　锋　吕晓昶　周　宾◎主　编
齐　博　张国华　宋新起◎副主编
赵凤芝◎主　审

中国铁道出版社有限公司
CHINA RAILWAY PUBLISHING HOUSE CO., LTD.

内 容 简 介

本书以突出实践应用能力为出发点，融入工学结合的CDIO工程理念，采用“案例驱动”模式，除第11章外，每章从实例入手进行解析，并配有大量实用的习题进行实战训练，为扎实学习和巩固所学的C语言知识提供有力保障，也为强化C语言程序设计能力、参加计算机考试打下坚实基础。

全书共11章，包括进入C语言程序世界、应用C的基础知识实现数据的运算与处理、应用顺序结构设计程序解决简单实际问题、应用选择结构设计程序实现分支判断、应用循环结构设计程序实现重复操作、应用数组设计程序实现批量数据处理、应用函数设计程序实现模块化设计、应用指针设计程序增加独有特色、自己定义数据类型完成复杂数据处理、应用文件管理数据、实战演练——综合模拟测试题及参考答案。附录中列出了常见编译错误信息、计算机基础知识训练题。本书与《C语言程序设计能力教程（第5版）》（赵凤芝、包锋、李峰主编，中国铁道出版社有限公司出版）配套使用，每章包括实例解析和大量习题，读者可根据需要进行取舍。

本书例题讲解详细、习题丰富、题型全面，并融入了思政元素，适合作为高等职业院校程序设计课程的实训教材或辅助教材，也可作为参加培训、考级、考试人员的强化训练用书和自学参考书。

图书在版编目（CIP）数据

C语言程序设计实训 / 包锋，吕晓昶，周宾主编 .—2版 .—北京：中国铁道出版社有限公司，2022.6

“十三五”职业教育国家规划教材配套教材

ISBN 978-7-113-28886-0

Ⅰ.①C… Ⅱ.①包… ②吕… ③周… Ⅲ.①C语言－程序设计－职业教育－教材 Ⅳ.①TP312.8

中国版本图书馆CIP数据核字（2022）第051765号

书　名：C语言程序设计实训

作　者：包　锋　吕晓昶　周　宾

策　划：王春霞　　编辑部电话：（010）63551006

责任编辑：王春霞　徐盼欣

封面设计：刘　颖

责任校对：孙　玫

责任印制：樊启鹏

出版发行：中国铁道出版社有限公司（100054，北京市西城区右安门西街8号）

网　址：http://www.tdpress.com/51eds/

印　刷：三河市航远印刷有限公司

版　次：2018年2月第1版　2022年6月第2版　2022年6月第1次印刷

开　本：850 mm×1 168 mm 1/16　印张：14　字数：358千

书　号：ISBN 978-7-113-28886-0

定　价：45.00元

前　言

C 语言不仅适用于系统软件的设计，而且适用于应用程序设计。C 语言具有强大的功能、丰富的数据类型，使用灵活，兼具面向硬件编程的低级语言特性及通用性强、可移植性好等高级语言特性，是国内外广泛流行的程序设计语言，一直长盛不衰，成为软件开发中的主流语言之一。

目前，许多开发工具（包括 Visual C++ 和 Visual C++ .NET 及 Java 等开发工具）遵循着标准的 C 语言基本语法，很多嵌入式系统的软件采用 C 语言来开发。可以说，C 语言是程序开发人员必须掌握的基本功，也是国内各高校广泛学习和普遍使用的一种重要的计算机语言。目前，全国计算机等级考试、全国计算机应用技术证书考试、全国计算机技能大赛等都将 C 语言列入了考试范围。

本书以突出实践应用能力为出发点，融入工学结合的 CDIO 工程理念，采用流行的“案例驱动”模式，每部分章节开始前列出“知识要点”，介绍该章所学的重要知识点，给出本章的“思想启蒙”，给学生以思想启蒙教育。内容从实例入手进行讲解、分析，并配有大量实用的各种习题进行实战训练，为扎实学习和巩固所学的 C 语言知识提供有力保障，也为强化 C 语言程序设计能力、参加计算机考试打下坚实基础。部分章节题目融入思政元素，希望学生在掌握技能的同时，提高思想认识。

全书共 11 章，包括进入 C 语言程序世界、应用 C 的基础知识实现数据的运算与处理、应用顺序结构设计程序解决简单实际问题、应用选择结构设计程序实现分支判断、应用循环结构设计程序实现重复操作、应用数组设计程序实现批量数据处理、应用函数设计程序实现模块化设计、应用指针设计程序增加独有特色、自己定义数据类型完成复杂数据处理、应用文件管理数据、实战演练——综合测试题及参考答案。附录中列出了常见编译错误信息、计算机基础知识训练题。本书与《C 语言程序设计能力教程（第 5 版）》（赵凤芝、包锋、李峰主编，中国铁道出版社有限公司出版）教材配套，每章包括实例解析和大量习题，读者在使用时可根据需要进行取舍。

本书适合作为高等职业院校程序设计课程的实训教材或辅助教材，也可作为参加培训、考级、考试人员的强化训练用书和自学参考书。

本书由包锋、吕晓昶、周宾任主编，齐博、张国华、宋新起任副主编，赵凤芝主审，包锋负责统稿定稿。其中，包锋编写了第 1、2、6、7 章，吕晓昶编写了第 3、4、5 章，周宾编写了第 8、9 章，齐博编写了第 10 章和附录及视频资料，张国华、宋新起、白晟、邢雪峰编写了第 11 章，李峰、王海英为本书提供了大量的资料，在此表示真诚的感谢！

由于编者水平有限，书中疏漏和不足之处在所难免，敬请有关专家和广大读者不吝指正，编者的电子邮箱是 qhdcomputer@163.com。

编　者

2022 年 2 月

目　录

第1章

进入C语言程序世界

C语言简洁、紧凑，使用方便、灵活；运算符、数据结构丰富，具有现代化语言的各种数据结构；具有结构化的控制语句；语法限制不太严格，程序设计自由度大；生成目标代码质量高，程序执行效率高。本章通过对几个小程序的讲述，使读者对C语言程序的结构有大致的了解，熟悉Visual C++ 6.0和Visual C++ 2010的开发环境和调试步骤。

实训目标

通过本章训练，你将能够：

☑ 了解C语言程序的基本构成和简单的程序。

☑ 掌握C程序编写和运行步骤。

知识要点

1. 函数与主函数

① 程序由一个或多个函数组成。

② 程序必须有且只能有一个主函数main( )。

③ 程序执行从main( )函数开始，在main( )函数中结束，其他函数通过调用得以执行。main( )函数可以出现在任何位置。

2. 程序语句

① C程序由语句组成。

② 用“;”作为语句终止符。

③ “{ }”表示程序的结构层次范围。

3. 注释

/*……*/为注释，不能嵌套，主要是对程序功能的必要说明和解释，可以为单行或多行。//……为单行注释。

4. 算法

算法是一个有穷规则的集合，其中的规则确定了一个解决某个特定类型问题的运算序列。

5. 衡量算法的正确性

① 有穷性。

② 确定性。

③ 有效性。

④ 没有输入或有多个输入。

⑤ 有一个或多个输出。

6. C 程序的调试与运行

C 语言采用编译方式将源程序转换为二进制目标代码。编写好一个 C 程序到完成运行一般经过编辑、编译、连接和运行四个步骤。

思想启蒙

懂得事情轻重缓急，节约时间，提高效率。

实 例 解 析

一、初识 C 语言

【实例 1.1】编写第一个 C 语言程序，输出“I am Chinese!”。

解：

```
#include <stdio.h>
void main()
{
   printf("I am Chinese!");            /*输出"I am Chinese!"*/
}
```

本程序运行结果为：

```
I am Chinese!
```

解析：

C 程序首先要有主函数 main( )，函数体是要输出一行文字，并没用到变量，不用说明，只是用到了输出函数 printf( )。注意：一条语句需要以“;”结束，函数体要用 { } 括起来。在 C 程序中“/*……*/”表示注释，它们之间的语句只起说明作用，并不执行。

二、设计简单的 C 程序

【实例 1.2】已知一个矩形（长为 5、宽为 6），求其面积并输出。

解：

```
#include <stdio.h>
void main()
{
```

```
    int a=5,b=6,area;                          /* 定义变量 */
    area=a*b;
    printf("area=%d",area);                    /* 输出面积 */
}
```

本程序运行结果为：

```
area=30
```

解析：

在定义 a，b 时直接进行赋值，它们之间用逗号分开。

视 频

实例1.3

【实例 1.3】已知 a=2，b=3，c=4，x=5，求表达式 ax^2+bx+c 的值。

解：

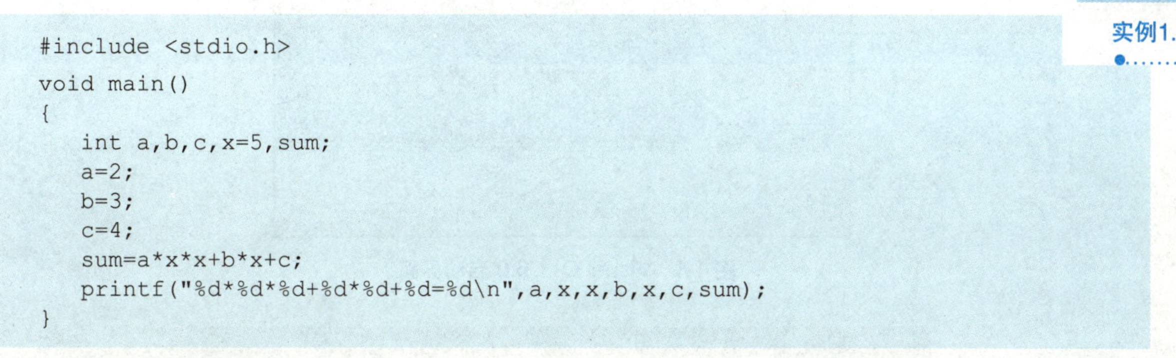

```
#include <stdio.h>
void main()
{
    int a,b,c,x=5,sum;
    a=2;
    b=3;
    c=4;
    sum=a*x*x+b*x+c;
    printf("%d*%d*%d+%d*%d+%d=%d\n",a,x,x,b,x,c,sum);
}
```

本程序运行结果为：

```
2*5*5+3*5+4=69
```

解析：

这是一道简单的计算题。在 C 语言中，两个操作数之间必须有符号，乘号“*”不能省略。对变量赋值，一种是在定义时直接赋值，它们之间用逗号分开；另一种是在执行语句中赋值，这时需要用分号结束。

三、程序的调试与运行

下面分别介绍 Visual C++ 6.0 和 Visual C++ 2010 两种软件开发环境。

1. Visual C++ 6.0

Visual C++ 6.0（简称 VC++ 或 VC）提供了可视化的集成开发环境，主要包括文本编辑器、资源编辑器、工程创建工具、Debugger 调试器等实用开发工具。Visual C++ 6.0 分为标准版、专业版和企业版三种，但其基本功能是相同的。

下面介绍如何在 Visual C++ 6.0 中实现 C 程序的编辑和运行。

1）Visual C++ 6.0 启动界面

在 Windows 系统任务栏中，选择“开始”→“所有程序”→ Microsoft Visual Studio 6.0 → Microsoft Visual C++ 6.0 命令，即可启动 Visual C++ 6.0 集成开发环境，启动界面如图 1-1 所示。

2）在 Visual C++ 6.0 中编译 C 程序

（1）创建文件

在 VC++ 中创建 C 程序文件有多种方式，现列举两种。

① 在任意位置处创建一个记事本文件，保存格式由 .txt 修改为 .c，如 exam.c。启动 VC++ 环境，选择 File → Open 命令，在弹出的“打开”对话框中选择创建的 exam.c 文件，如图 1-2 所示，单击“打开”按钮，即可进入 VC++ 的代码编辑窗口。

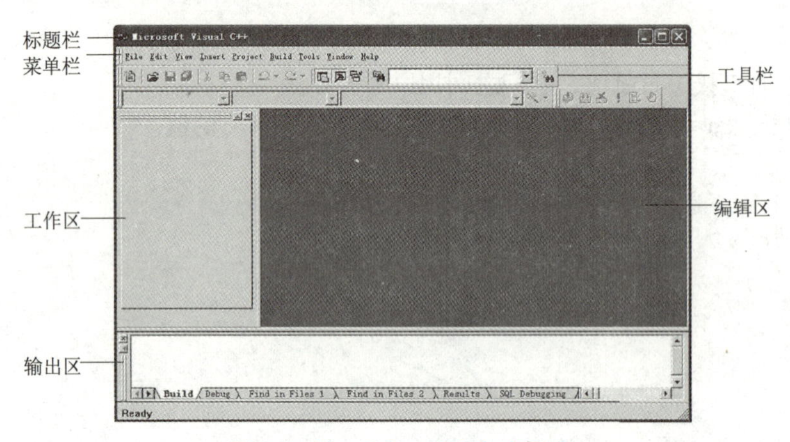

图 1-1　Visual C++ 6.0 启动界面

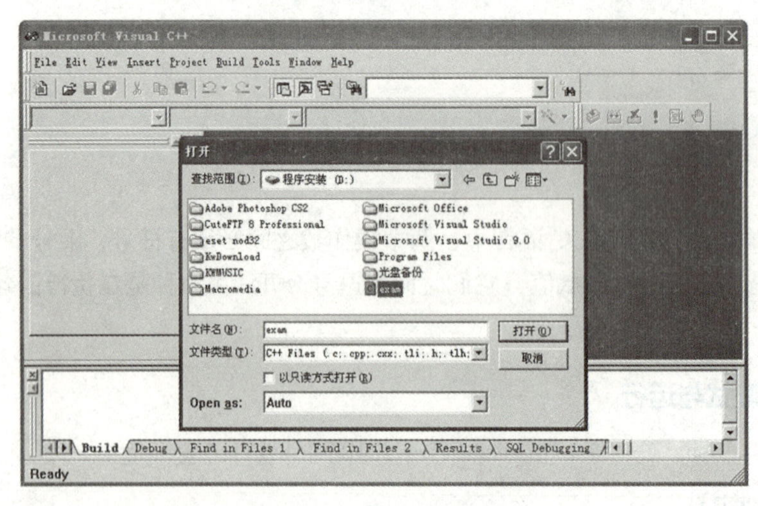

图 1-2　打开 exam.c 文件

② 启动 VC++，选择 File → New 命令，在弹出的 New 对话框中选择 Files 选项卡。在左边列出的选项中，选择 C++ Source File 或 Text File 选项，在右边 File 文本框中输入 exam.c，如图 1-3 所示，单击 Location 文本框右侧的 按钮修改保存的位置。单击 OK 按钮，即可进入 VC++ 的代码编辑窗口。

（2）编辑代码并保存

① 编辑代码：在 VC++ 代码编辑区中输入 exam.c 的源代码，完成后如图 1-4 所示。源代码如下：

```
/*** exam.c ***/
#include <stdio.h>
void main()
{
    printf(" 欢迎使用 VC++ 编译 C 程序！ \n");
}
```

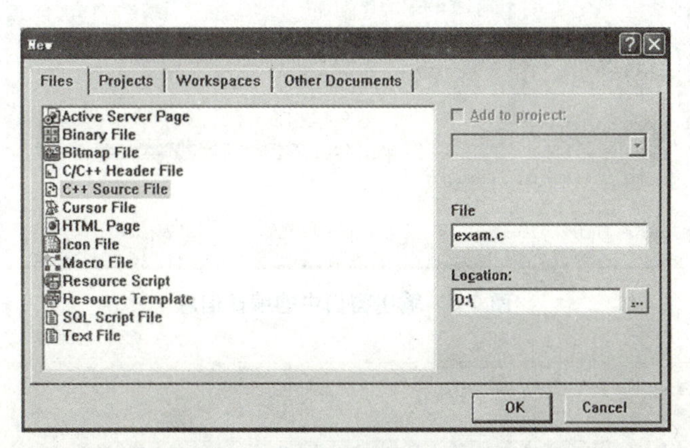

图 1-3　创建 exam.c 文件

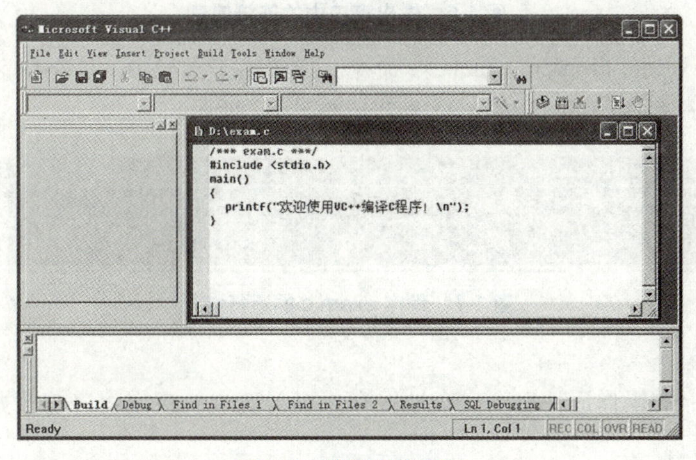

图 1-4　编辑代码窗口

② 保存：选择 File → Save 命令（Save As 命令可修改原默认存储路径），也可单击工具栏中的“保存”按钮。

(3) 编译、连接、运行源程序

选择 Build → Compile exam.c 命令（或单击工具栏中的按钮，或按【Ctrl+F7】组合键），在弹出的对话框中单击“是”按钮，这时系统开始对当前的源程序进行编译。在编译过程中，将所发现的错误显示在“输出区”窗口中，错误信息中指出错误所在行号和错误的原因。当程序出现错误时，根据提示信息修改源程序代码，再进行编译直至编译正确，如图 1-5 所示。

当输出窗口中的信息提示为 exam.obj - 0 error(s), 0 warning(s) 时，表示编译正确。

选择 Build → Build exam.exe 命令（或单击工具栏中的按钮，或按【F7】键），连接正确时，生成可执行文件 exam.exe，如图 1-6 所示。该文件保存在 exam.c 同一文件夹下的 Debug 文件夹中。

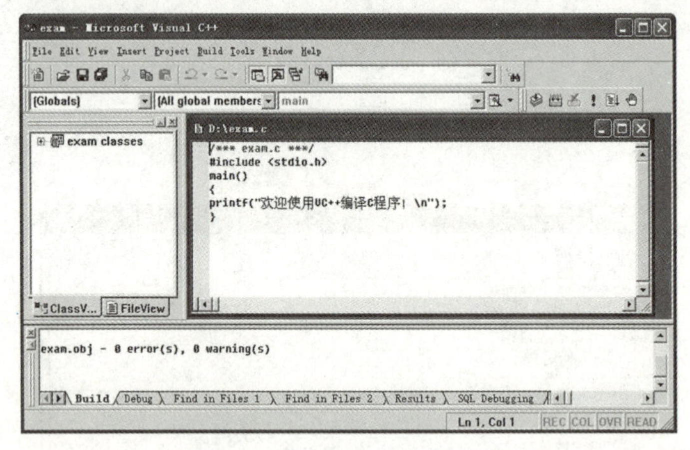

图 1-5　输出窗口中的编译信息

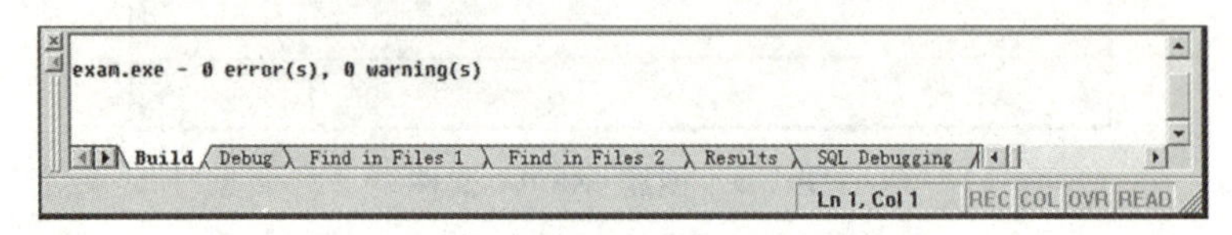

图 1-6　输出窗口中的连接信息

选择 Build → Execute Program exam.exe 命令（或单击工具栏中的 ! 按钮，或按【Ctrl+F5】组合键），即可看到控制台程序窗口中的运行结果，如图 1-7 所示。

图 1-7　程序 exam.c 的运行结果

（4）关闭工作区

每次完成对程序的操作后，必须安全地保存好已经建立的应用程序与数据，应正确地使用关闭工作区来终止工程。

选择 File → Save Workspace 命令，可以保存工作区的信息；选择 File → Close Workspace 命令，可以终止工程、保存工作区信息、关闭当前工作区；选择 File → Exit 命令，可以退出 VC++ 环境。

2. Visual C++ 2010

Visual C++ 2010 学习版是 Visual Studio 2010 的一个组件，是微软公司的 C++ 开发工具，具有集成开发环境，用于编辑 C 语言、C++ 以及 C++/CLI 等编程语言。

1）Visual C++ 2010 学习版主框架窗口

安装 Visual C++ 2010 学习版后，选择“开始”→“所有程序”→ Microsoft Visual Studio 2010 Express → Microsoft Visual C++ 2010 Express 命令，即可启动 Visual C++ 2010 学习版集成开发环境，启动界面如图 1-8 所示。

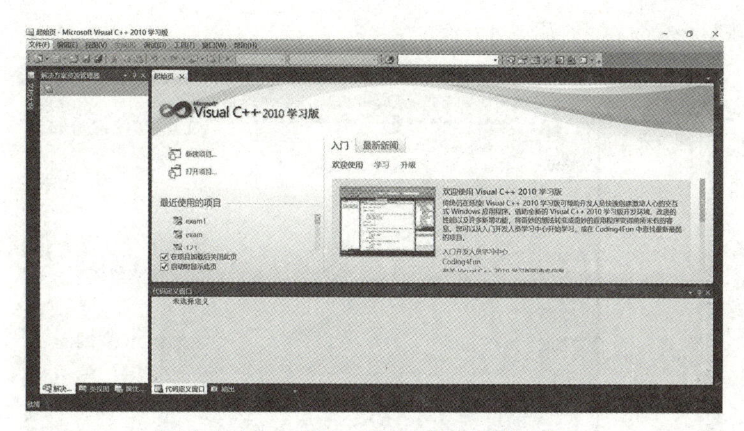

图 1-8　Visual C++ 2010 学习版启动界面

2）在 Visual C++ 2010 学习版中编译 C 程序

①新建项目，如图 1-9 所示。

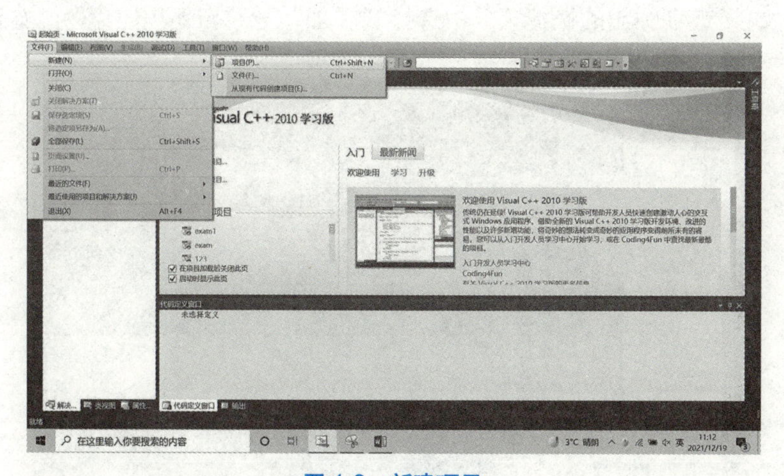

图 1-9　新建项目

②新建“Win32 控制台应用程序”，如图 1-10 所示。

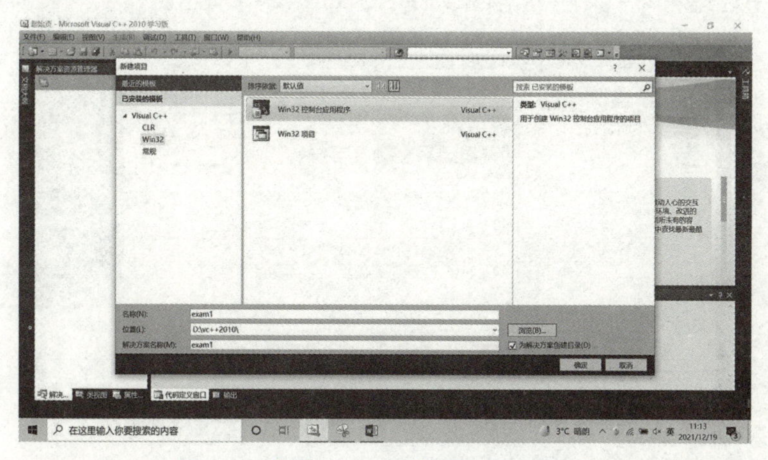

图 1-10　新建“Win32 控制台应用程序”

③在向导中选择“空项目”，如图 1-11 所示。

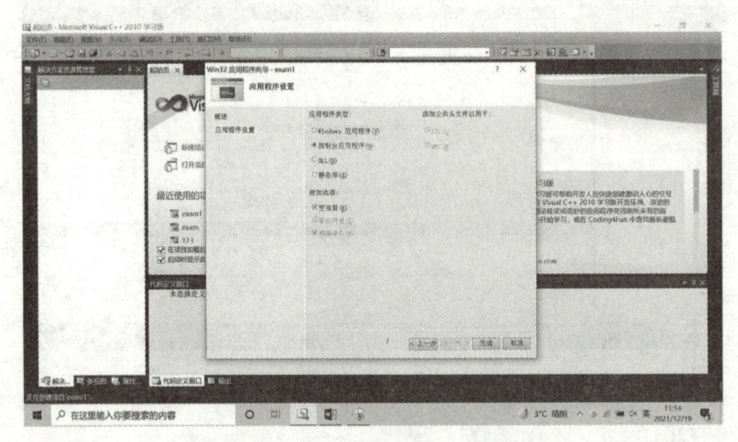

图 1-11　在向导中选择“空项目”

④右击“源文件”，在弹出的快捷菜单中选择“添加”→“新建项”命令，如图 1-12 所示。

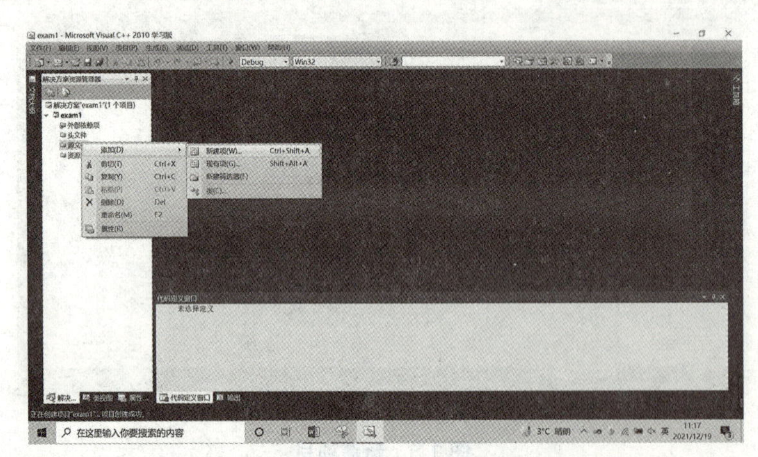

图 1-12　选择“添加”→“新建项”命令

⑤在添加项中选择“C++ 文件”，输入文件名，如图 1-13 所示。

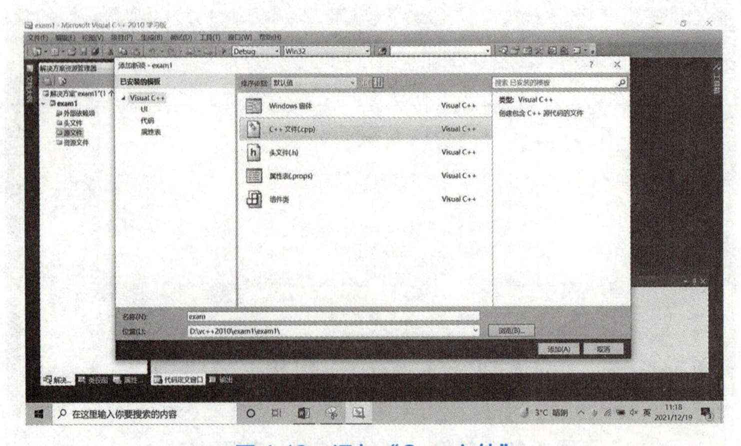

图 1-13　添加“C++ 文件”

⑥输入程序代码，如图 1-14 所示。输入完毕后，选择“文件”→“全部保存”命令保存项目，选择“文件”→“保存”或“另存为”命令保存 C++ 文件。

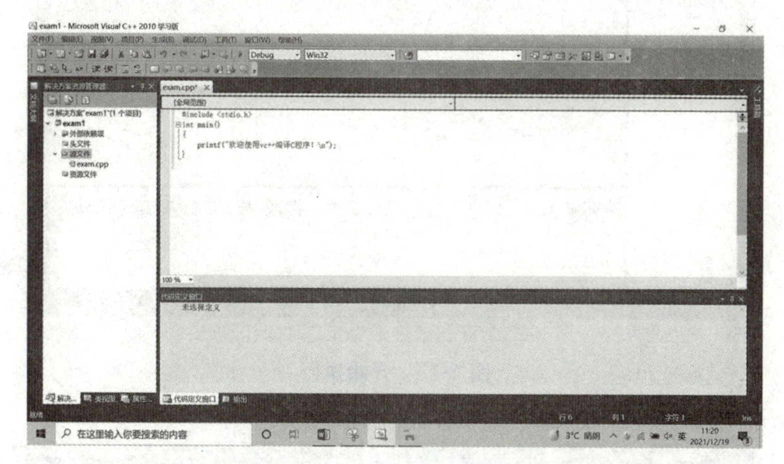

图 1-14　输入程序代码

⑦选择“生成”→“生成”（编译）命令，如图 1-15 所示。编译结果如图 1-16 所示。

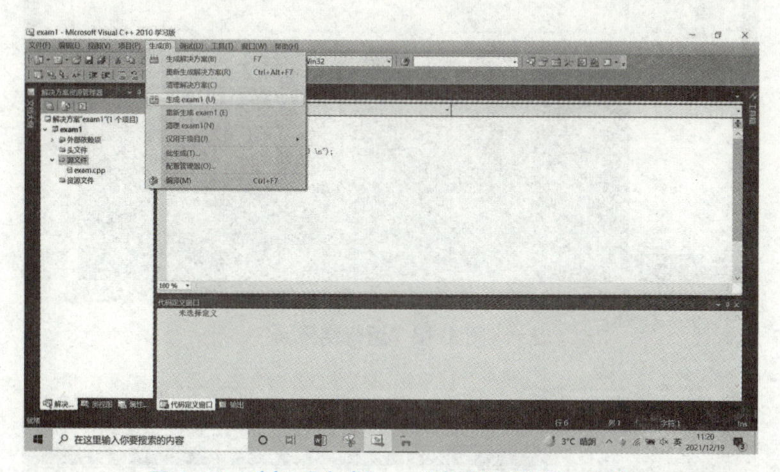

图 1-15　选择“生成”→“生成”（编译）命令

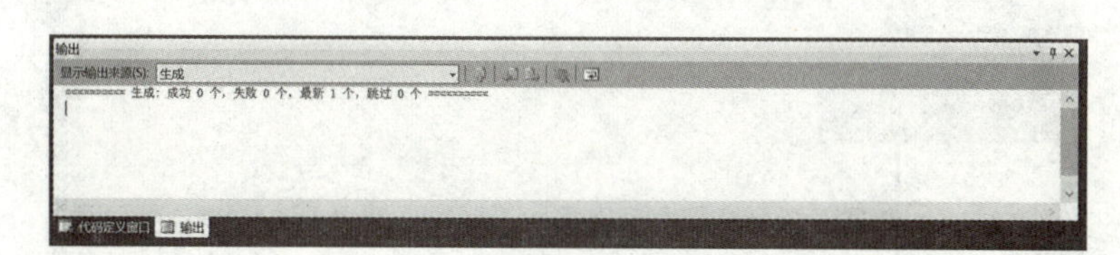

图 1-16　编译结果

⑧选择“调试”→“开始执行”命令，如图 1-17 所示。运行结果如图 1-18 所示。

⑨每次完成对程序的操作后，必须安全地保存好已建立的应用程序与数据，应正确地使用关闭解决方案来终止项目。选择“文件”→“关闭解决方案”命令，如图 1-19 所示。

Visual C++ 2010 Express 常用快捷键：

- Ctrl+N：相当于选择“文件”→“新建”→“文件”命令。

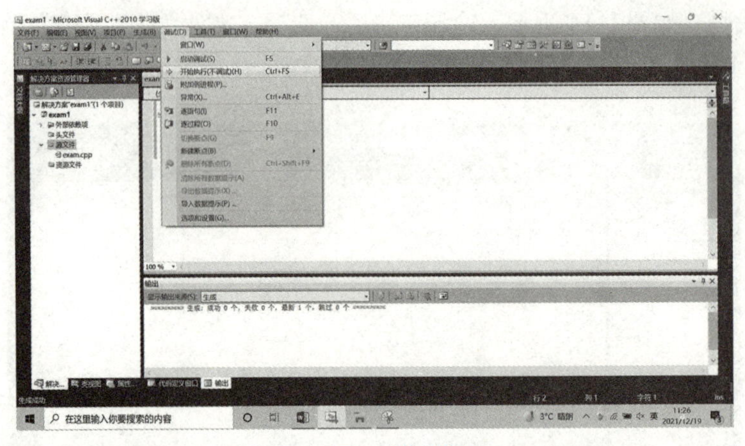

图 1-17　开始执行

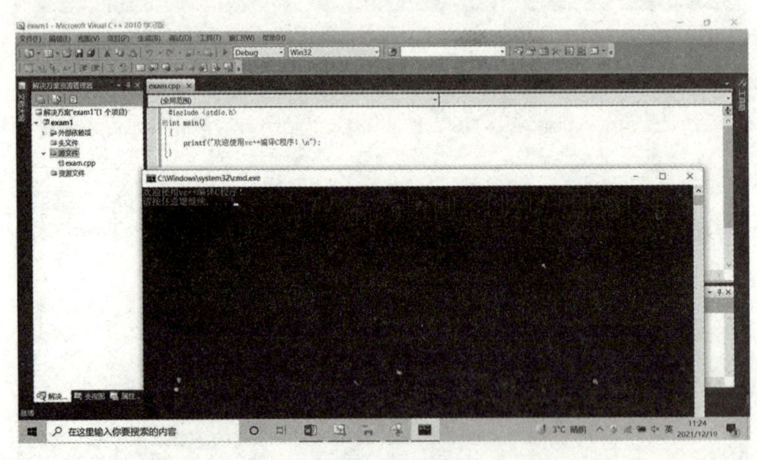

图 1-18　运行结果

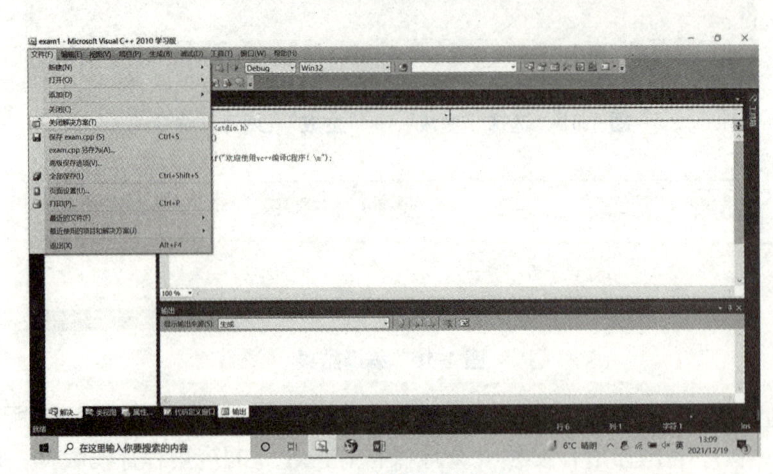

图 1-19　关闭解决方案

• Ctrl+F7：编译程序。

• F7：生成解决方案。

• Ctrl+F5：运行程序。
• F5：调试程序。

小　结

本章主要介绍了C语言的特点、程序结构、常用算法及程序运行过程。通过编写运行几个小程序，熟悉 C 语言的开发环境。

实 战 训 练

一、选择题

1. 对于一个正常运行的 C 程序，以下叙述中正确的是（　　）。
   A. 程序的执行总是从 main( ) 函数开始，在 main( ) 函数中结束
   B. 程序的执行总是从程序的第一个函数开始，在 main( ) 函数中结束
   C. 程序的执行总是从 main( ) 函数开始，在程序的最后一个函数中结束
   D. 程序的执行总是从程序中的第一个函数开始，在程序的最后一个函数中结束
2. 以下叙述不正确的是（　　）。
   A. 一个 C 源程序可由一个或多个函数组成
   B. 一个 C 源程序必须包含一个 main( ) 函数
   C. C 程序的基本组成单位是函数
   D. 在 C 程序中注释说明只能位于一条语句的后面
3. 以下叙述中正确的是（　　）。
   A. C 程序中的注释只能出现在程序的开始位置和语句的后面
   B. C 程序书写格式严格，要求一行内只能写一条语句
   C. C 程序书写格式自由，一条语句可以写在多行上
   D. 用 C 语言编写的程序只能放在一个程序文件中
4. 下列说法正确的是（　　）。
   A. main( ) 函数必须放在 C 程序的开头
   B. main( ) 函数必须放在 C 程序的最后
   C. main( ) 函数可以放在 C 程序的中间部分，但在执行 C 程序时是从程序开头执行的
   D. main( ) 函数可以放在 C 程序的中间部分，但在执行 C 程序时是从 main( ) 函数开始的
5. （　　）是 C 程序的基本构成单位。
   A. 函数　　B. 函数和过程　　C. 超文本过程　　D. 子程序
6. 以下说法正确的是（　　）。
   A. C 语言程序总是从第一个定义的函数开始执行
   B. 在 C 语言程序中，要调用的函数必须在 main( ) 函数中定义
   C. C 语言程序总是从 main( ) 函数开始执行
   D. C 语言程序中的 main( ) 函数必须放在程序的开始部分

7. 在 C 语言中，每条语句和数据定义用（　　）结束。

A. 句号　　B. 逗号　　C. 分号　　D. 括号

8. C 语言规定：在一个源程序中，main( ) 函数的位置（　　）。

A. 必须在最开始　　B. 必须在系统调用的库函数的后面

C. 可以在任意位置　　D. 必须在源文件的最后

9. 一个 C 语言程序由（　　）。

A. 一个主程序和若干子程序组成

B. 函数组成，并且每个 C 程序必须且只能有一个主函数

C. 若干过程组成

D. 若干子程序组成

10. 下列说法正确的是（　　）。

A. 在执行 C 程序时不是从 main( ) 函数开始的

B. C 程序书写格式严格限制，一行内必须写一条语句

C. C 程序书写格式自由，一条语句可以分写在多行上

D. C 程序书写格式严格限制，一行内必须写一条语句，并要有行号

11. 一个 C 程序可以包含任意多个不同名的函数，但有且仅有一个（　　），一个 C 程序总是从（　　）开始执行。

A. 过程　　B. 主函数　　C. 函数　　D. include

12. C 语言规定，必须用（　　）作为主函数名。

A. function　　B. include　　C. main　　D. stdio

13. 以下叙述中正确的是（　　）。

A. 用 C 程序实现的算法必须要有输入和输出操作

B. 用 C 程序实现的算法可以没有输出但必须要有输入

C. 用 C 程序实现的算法可以没有输入但必须要有输出

D. 用 C 程序实现的算法可以既没有输入也没有输出

二、判断题

1. 一个 C 程序由一个或多个函数组成。（　　）
2. 一个 C 程序必须包含一个 main( ) 函数。（　　）
3. C 程序的每一行可以写多条语句。（　　）
4. 在 C 语言程序中 main( ) 函数必须放在程序的开始位置。（　　）
5. C 语言程序的开始执行点是程序中的 main( ) 函数。（　　）
6. C 程序的书写格式虽然自由，但为了清晰，一般在一行内写一条语句。（　　）
7. 分号是语句的必要组成部分，所以函数首部的后面和编译预处理的后面都得加分号。（　　）
8. 注释在程序执行时不产生任何操作，因此在程序中不提倡注释。（　　）
9. C 程序的书写格式自由，一行内可以写多条语句，一条语句也可以写在多行上。（　　）
10. C 程序中以 #include 和 #define 开始的程序行均不是 C 语句。（　　）

11. 一个 C 程序可以由若干源程序文件（分别进行编译的文件模块）组成。　（　　）
12. 在 C 语言中运算符的优先级高低的排列顺序是：逗号运算符、算术运算符、赋值运算符。（　　）
13. C 程序书写格式自由，一条语句可以写在多行上。　（　　）
14. C 语言程序由主函数和 0 个或多个函数组成。　（　　）
15. C 语言程序由主程序和子程序组成。　（　　）
16. C 语言程序由子程序组成。　（　　）
17. C 语言程序由过程组成。　（　　）
18. C 程序书写格式严格，要求一行内只能写一条语句。　（　　）
19. 在对一个 C 程序进行编译的过程中，可发现注释中的拼写错误。　（　　）
20. C 语言源程序文件通过了编译、连接之后，生成一个扩展名为 .exe 的文件。　（　　）

三、填空题

1. 一个 C 程序的执行从________函数开始。
2. 一个 C 程序的执行随着________函数的结束而结束。
3. 一个 C 程序必须包含一个________函数。
4. C 程序的基本组成单位是________。
5. C 程序最先执行的函数名为________。
6. 关键字是由 C 语言规定的具有特定意义的字符串，通常也称________。
7. C 语言空语句的形式是________。
8. C 语言中，注释部分以________开始。

第2章

应用C的基础知识实现数据的运算与处理

C语言的数据结构是以数据类型形式出现的。数据类型是指数据的内部表示形式，它是进行C语言程序设计的基础。每种数据类型又分常量和变量，可以进行数据的运算。C语言的运算符极其丰富，有30多种。本章将讨论C语言的数据类型及运算符，主要是基本数据类型及运算符与表达式等，通过对上述问题的训练，使读者能够掌握C语言的基础知识，为今后的程序设计打下基础。

实训目标

通过本章训练，你将能够：

☑ 掌握数据的基本类型。

☑ 掌握对变量与常量的赋值。

☑ 掌握常用的运算符，正确书写表达式。

知识要点

1. 标识符

① 只能由英文字母、数字和下画线组成，且第一个字符必为英文字母或下画线。

② 不允许使用关键字作为标识符的名字。

③ 有意义的标识符长度为前8个字符。

④ 标识符命名应以直观且易于拼读为宜。

⑤ 标识符区分大小写。

2. 变量

① 变量是在程序执行过程中可以改变、可以赋值的量。

② 定义形式：

```
类型  变量名1[,变量名2,…];
```

其中，方括号内的内容为可选项，可以同时声明多个相同类型的变量，它们之间需要用逗号

分隔。例如:

```
float a,b,c;
```

3. 数据类型

① 基本类型、构造类型、指针类型和空类型四大类。

② 基本类型有整型、实型、字符型和枚举类型。

③ 整型变量类型有 int，long 等。

④ 实型变量类型有 float，double 等。

⑤ 字符型变量类型 char。用单引号包含的一个字符是字符型常量。用双引号包含的任意个字符是字符串常量。

4. 运算符

① 运算符按其功能分为算术运算符、关系运算符、逻辑运算符、赋值运算符、逗号运算符等。

② 双目算术运算符共有 5 个: +，-，*，/，%。注意: “/” 是整数除法，还是实数除法。% 运算只适用于整型数。

③ 将一个常量或一个表达式的值赋给一个变量称为赋值。

④ 自增和自减运算符及其表达式。

⑤ 强制类型转换运算符及其表达式。

⑥ 逗号运算符与逗号表达式。

⑦ 不同类型数据之间的混合运算。

思想启蒙

遵纪守法，无规矩不成方圆。凡事有度，过犹不及。

实 例 解 析

一、数据类型

1. 常量与变量

【实例 2.1】地球近似一个球体，赤道半径约 6 377.83 km，求地球赤道周长。

解:

```
#include <stdio.h>
#define PI 3.14                               /* 定义常量 PI，值为 3.14*/
void main()
{
   float r,girth;
   r=6377.83;
   girth=2*PI*r;                              /* 计算赤道周长 */
   printf("girth=%.2f\n",girth);
}
```

本程序运行结果为：

```
girth=40052.77
```

解析：

在 C 语言中并没有字母 π，只能用别的名称代替，此例中定义了一个字符常量 PI。地球赤道周长约 4 万千米，毛主席诗句“坐地日行八万里，巡天遥看一千河”就提到过地球赤道周长的数据。

相关知识

在程序运行过程中，其值不能被改变的量称为常量。常量的值在其作用域内不能改变，也不能再被赋值。习惯上，符号常量名用大写，变量名用小写，以示区别。C 定义常量时需添加语句：“#define 常量名　常量定值”。

【实例 2.2】求 1 ~ 10 的累加和。

解：

```
#include <stdio.h>
void main()                                  /* 主函数 */
{
   int i,sum=0;                              /* 定义变量 i，sum*/
   for(i=1;i<=10;i++)                        /* i 从 1 到 10，共循环 10 次 */
      sum=sum+i;                             /* 进行累加 */
   printf("sum=%d",sum);                     /* 输出累加和 */
}
```

本程序运行结果为：

```
sum=55
```

解析：

本题中用到了一个 for 循环语句，其作用是让 i 从 1 每次循环增加 1。关于循环语句的使用将在第 5 章学习。

相关知识

其值可以改变的量称为变量。一个变量应该有一个名字，在内存中占据一定的存储单元。注意区分变量名和变量值这两个不同的概念。标识符用来标识变量名、符号常量名、函数名、数组名。文件名只能由字母、数字和下画线三种字符组成，且第一个字符必须为字母或下画线。

2. 整型、实型与字符型数据

【实例 2.3】若 a=1，b=2，x=1.2，y=2.1，n=128765，c1='a'，想得到以下的输出格式和结果，请写出程序（包括定义变量类型和设计输出）。

```
a=1  b=2
x=1.200000, y=2.100000
y-x=0.900000, x+y=3.30
```

```
n=128765
c1='a' or 97
```

解：

```
#include <stdio.h>
void main()
{
    int a,b;
    long int n;
    float x,y;
    char c1;
    a=1;b=2;
    x=1.2;y=2.1;
    n=128765;
    c1='a';
    printf("\n");
    printf("a=%2d b=%2d\n",a,b);
    printf("x=%8.6f,y=%8.6f\n",x,y);
    printf("y-x=%5.2f,x+y=%5.2f\n",y-x,x+y);
    printf("n=%9ld\n",n);
    printf("c1='%c' or %d\n",c1,c1);
}
```

相关知识

C 语言的数据结构是以数据类型形式出现的。C 的数据类型包括基本类型、构造类型、指针类型和空类型。数据基本类型包括整型（int）、字符型（char）、实型（float、double float）和枚举类型。int 对应的输出格式字符为 %d，若变量值较大时，可使用长整型（long int）。%md 输出格式中，m 为指定的输出字段的宽度。若数据的输出位数小于 m，则左端补空格；若大于 m，则按实际位数输出。float 定义为实数（包括单、双精），以小数输出，%f 默认输出为 6 位小数，%m.nf 表示共输出 m 列，其中 n 位小数。每个字符以 ASCII 码存储，用 %c 对应该字符，用 %d 对应其 ASCII 码。%e 输出格式表示以科学记数法表示，主要适用于 float 类型和 double 类型。

视频

实例2.4

【实例 2.4】编写 C 程序，从键盘输入一个英文字母（不包括 a、z、A、Z），在屏幕上显示出其前后相连的三个英文字母。

解：

```
#include <stdio.h>                        /* 引用一个预处理文件 stdio.h*/
void main()
{
    char c;                               /* 定义字符变量 c*/
    c=getchar();                          /* 获得一个字符 c*/
    if((c>'a' && c<'z')||(c>'A' && c<'Z'))
        printf("%c %c %c\n",c-1,c,c+1);
}
```

本程序运行结果为：

```
B <回车>
A B C
```

解析：

程序中获得字符 c 使用了 getchar( ) 函数，因此必须引用文件 stdio.h。

二、运算符与表达式

1. 算术运算符和算术表达式

【实例 2.5】写出以下程序的运行结果。

```
#include <stdio.h>
void main()
{
    int i,j,m,n;                          /* 定义变量 i, j, m, n*/
    i=8;
    j=10;
    m=++i;                                /* 变量 i 先加 */
    n=j++;                                /* 变量 j 后加 */
    printf("%d,%d,%d,%d",i,j,m,n);
}
```

解：

本程序运行结果为：

```
9,11,9,10
```

解析：

程序中变量 i 和 j 都自身加 1，所以输出的 i 和 j 都增加了 1。但二者又有所不同，m=++i 是变量 i 自增 1 后再把值传给变量 m；n=j++ 是先把 j 值传给变量 n 后再自增 1。

自增运算符(++)和自减运算符(- -)只能用于变量，而不能用于常量或表达式，如 5++ 或 (a+b)++ 都是不合法的。它们的结合方向是“自右至左”。它们常用于后面章节的循环语句中，使循环变量自动增加 1，也用于指针变量，使指针指向下一个地址。

【实例 2.6】强制类型转换。

解：

```
#include <stdio.h>
void main()
{
    float x;                  /* 定义 x 为实型 */
    int m,n;                  /* 定义 m, n 为整型 */
    x=2.7;                    /* 给 x 赋初值 */
```

```
    m=(int)x;              /* 把 x 强制转换成整型赋值给 m*/
    n=(int)(x+0.5);        /* 把 x 加上 0.5 的值强制取整再赋值给 n，可实现四舍五入取整 */
    printf("x=%f,m=%d,n=%d",x,m,n);
}
```

本程序运行结果为：

```
x=2.70000,m=2,n=3
```

解析：

本题是把实型 x 强制转换成整型，要把 x 前面的 int 用括号括起来。强制类型转换的一般形式为 (类型名)(表达式)，表达式应该用括号括起来。

相关知识

类型转换有两种。一种是在运算时不必用户指定，系统自动进行的类型转换。另一种是强制类型转换，当自动类型转换不能实现目的时，可以用强制类型转换。如“%”运算符要求其两侧均为整型量，若 x 为 float 型，则“x%3”不合法，必须用“(int)x%3”。强制类型转换运算优先于 % 运算，因此先进行 (int)x 运算，再对 3 取模。

2. 赋值运算符和赋值表达式

【实例 2.7】若 a 的初值为 12，求赋值表达式 a+=a-=a*a 中 a 的最终值。

解析：以下为此赋值表达式的求解步骤。

① 先进行“a-=a*a”运算，相当于 a=a-a*a=12-144=-132，此时 a 的值由 12 变成 -132。

② 进行“a+=-132”运算，相当于 a=a+(-132)=-132-132=-264。

相关知识

进行表达式运算时，要注意运算顺序，它是根据运算符的优先级（可以参考主教材附录中的运算符优先顺序表）进行的。在赋值符“=”之前加上其他运算符，可以构成复合的赋值运算符。比如“a+=3”等价于“a=a+3”。采用这种复合运算符，一是为了简化程序，使程序精练；二是为了提高编译效率。

下面是赋值表达式的例子：

```
a=b=c=5               /* 赋值表达式值为 5，a，b，c 值均为 5*/
a=5+(c=6)             /* 表达式值为 11，a 值为 11，c 值为 6*/
a=(b=4)+(c=6)         /* 表达式值为 10，a 值为 10，b 等于 4，c 等于 6*/
a=(b=10)/(c=2)        /* 表达式值为 5，a 值为 5，b 等于 10，c 等于 2*/
```

3. 逗号运算符和逗号表达式

C 语言提供一种特殊的运算符——“逗号运算符”。可以用逗号运算符将两个表达式连接起来。如“3+5,6+8”称为逗号表达式，又称“顺序求值运算符”。一般形式为：

```
表达式 1, 表达式 2
```

逗号表达式的求解过程：先求解表达式 1，再求解表达式 2。整个逗号表达式的值是表达式 2

的值。例如，逗号表达式“3+5,6+8”的值为 14。又如，“a=3*5,a*4”，由于逗号运算符的优先级低于赋值运算符，因此先求解 a=3*5，后求解 a*4，得 60，但 a 值是 15。

逗号表达式的一般形式可以扩展为：

```
表达式 1, 表达式 2, 表达式 3, …, 表达式 n
```

它的值为表达式 n 的值。

小　结

本章是以后进行编程的基础，知识点较分散，注意系统学习后，也要在实验时有针对性地进行训练。本章介绍的只有基本数据类型，其他类型会在以后进行学习。还有一些运算符，会在其他章节介绍。

实战训练

一、选择题

1. 若 x，i，j，k 都是 int 型变量，则计算下面表达式后，x 的值为（　　）。

```
x=(i=4,j=16,k=32)
```

A. 4　　B. 16　　C. 32　　D. 56

2. 按照 C 语言规定的用户标识符命名规则，不能出现在标识符中的是（　　）。

A. 大写字母　　B. 连接符　　C. 数字字符　　D. 下画线

3. 定义 int x=10,y,z; 并执行 y=z=x;x=y==z; 后，变量 x 的值为（　　）。

A. 10　　B. 1　　C. 0　　D. 100

4. 假定 x 和 y 为 double 型，则表达式 x=2,y=x+3/2 的值是（　　）。

A. 3.5　　B. 3.0　　C. 2.0　　D. 2.5

5. 可用作 C 语言用户标识符的一组标识符是（　　）。

A. void、define、WORD　　B. a3_b3、_123、IF

C. FOR、--abc、Case　　D. 2a、Do、Sizeof

6. 能正确表示逻辑关系“a ≥ 10 或 a ≤ 0”的 C 语言表达式是（　　）。

A. a>=10 or a<=0　　B. a>=0|a<=10

C. a>=10 &&a<=0　　D. a>=10 || a<=0

7. 若 w=1，x=2，y=3，z=4，则条件表达式 w<x?w:y<z?y:z 的值是（　　）。

A. 4　　B. 3　　C. 2　　D. 1

8. 若 x 为 int 型变量，x=2，则执行 x+=x/=x*x; 后 x 的值为（　　）。

A. 0　　B. −60　　C. 60　　D. −24

9. 若变量已正确定义并赋值，则以下符合 C 语言语法的表达式是（　　）。

A. a:=b+1　　B. a=b=c+2　　C. int 18.5%3　　D. a=a+7=c+b

10. 若有定义 int x=3,y=2,z=2;，则表达式 z*=(x>y?++x:y++) 的值是（　　）。
    A. 4　　B. 0　　C. 1　　D. 8
11. 若有条件表达式 (exp)?a++:b--，则以下表达式中能完全等价于表达式 (exp) 的是（　　）。
    A. (exp==0)　　B. (exp!=0)　　C. (exp==1)　　D. (exp!=1)
12. 若运行时给变量 x 输入 12，则以下程序的运行结果是（　　）。

```
void main()
{   int x,y;
    scanf("%d",&x);
    y=x>12?x+10:x-12;
    printf("%d\n",y);
}
```

    A. 0　　B. 22　　C. 12　　D. 10
13. 设 int x=3,y=2;float a=2.5,b=3.5;，则表达式 (x+y)%2+(int)a/(int)b 的值为（　　）。
    A. 6　　B. 0　　C. 2　　D. 1
14. 设 x，y，z，t 均为整型变量，则执行语句 x=y=z=1;t=++x || ++y&&++z; 后 t 的值为（　　）。
    A. 2　　B. 1　　C. 0　　D. 不定值
15. 设 x，y，z 都是 int 型变量，且 x=3，y=4，z=5，则下面表达式中值为 0 的是（　　）。
    A. x&&y　　B. x<=y
    C. x || ++y&&y-z　　D. !(x<y&&!z || 1)
16. 设变量 a 是 int 型，f 是 float 型，i 是 double 型，则表达式 10+'a'+i*f 值的数据类型为（　　）。
    A. int　　B. float　　C. double　　D. 不确定
17. 设以下变量均为 int 型，则表达式的值不为 7 的是（　　）。
    A. x=y=6,x+y,x+1　　B. x=y=6,x+y,y+1
    C. x=6,x+1,y=6,x+y　　D. y=6,y+1,x=y,x+1
18. 设有：

```
int a=1,b=2,c=3,d=4,m=2,n=2;
```

则执行 (m=a>b)&&(n=c>d) 后 n 的值是（　　）。
    A. 1　　B. 2　　C. 3　　D. 4
19. 设有定义 int k=0;，则以下选项的四个表达式中与其他三个表达式的值不相同的是（　　）。
    A. k++　　B. k+=1　　C. ++k　　D. k+1
20. 设有定义语句 char a='\xhh';，则变量 a（　　）。
    A. 包含一个字符　　B. 包含两个字符
    C. 包含三个字符　　D. 说明不合理
21. 下列 C 语言的标识符中，不合法的用户自定义标识符是（　　）。
    A. printf　　B. enum　　C. _A　　D. sin
22. 下列程序的输出结果是（　　）。

```
void main()
{   int a=0,b=0,c=0;
```

```
    if(++a>0||++b>0)
        ++c;
    printf("a=%d,b=%d,c=%d",a,b,c);
}
```

A. a=0,b=0,c=0　　B. a=1,b=1,c=1

C. a=1,b=0,c=1　　D. a=0,b=1,c=1

23. 下列程序的输出结果是（　　）。

```
void main()
{   double d=3.2; int x,y;
    x=1.2;y=(x+3.8)/5.0;
    printf("%d\n",d*y);
}
```

A. 3　　B. 3.2　　C. 0　　D. 3.07

24. 下列各值中，能使表达式 m%3==2&&m%5==3&&m%7==2 为真的 m 值是（　　）。

A. 8　　B. 23　　C. 17　　D. 6

25. 下列关于标识符的说法中错误的是（　　）。

A. 合法的标识符由字母、数字和下画线组成

B. C 语言的标识符中，大写字母和小写字母被认为是两个不同的字符

C. C 语言的标识符可以分为三类，即关键字、预定义标识符和用户标识符

D. 用户标识符与关键字不同时，程序在执行时将给出出错信息

二、判断题

1. 在 C 语言中规定只能由字母、数字和下画线组成标识符，且第一个字符必须为下画线。（　　）
2. 在 C 语言中关键字是一类特殊的标识符，不允许作为用户标识符使用。（　　）
3. C 语言的字符常量是用双撇号括起来的一个字符。（　　）
4. 字符串 "g\ti\b\bk\101" 的长度是 13。（　　）
5. sum 和 SUM 是相同的变量名。（　　）
6. 整型常量 -012 表示十进制数为 -10。（　　）
7. a=(b=4)+(c=6) 是一个合法的赋值表达式。（　　）
8. 关系运算符 <= 与 == 的优先级相同。（　　）
9. C 语言中所有运算符的结合方向是“自左向右”的。（　　）
10. 在一个整型常量后面加一个字母 l 或 L，代表其类型为 long int。（　　）
11. 自增运算符（++）或自减运算符（--）不能用于常量，但能用于符号常量。（　　）
12. 在 C 程序中对用到的所有数据都必须指定其数据类型。（　　）
13. 在 C 程序中，APH 和 aph 代表不同的变量。（　　）
14. 一个实型变量的值肯定是精确的。（　　）
15. 若 a 是实型变量，则 C 程序中不允许赋值 a=10。（　　）
16. 表达式 0195 是一个八进制整数。（　　）
17. 表达式 _xy 是不合法的 C 语言标识符。（　　）

18. C 语言源程序文件通过了编译、连接之后，生成一个扩展名为 .exe 的文件。 (　　)

19. C 语言不允许混合类型数据间进行运算。 (　　)

20. a-=7 等价于 a=a-7。 (　　)

三、填空题

1. C 语言中字符串终止标记的 ASCII 码值等于________。

2. 表达式 13/2 的结果是________。

3. 若 i，j 和 k 都是整型变量，则表达式 i=(j=3)+1，k=i*j 的值是________。

4. 若所有变量都是整型变量，则表达式 a=(a=3,b=++a,a*b) 的结果是________。

5. 若变量 i 和 m 的类型分别是 int 和 long，则表达式 3.2+i*m 的数据类型是________。

6. C 语言中要求两个数据必须都是整型的双目算术运算符是________。

7. C 语言中优先级最低的运算符是________。

8. 若 a 是 int 型变量，则表达式 a=3,a%2+(a+1) %2 的值是________。

9. 若 a 是 int 型变量，则表达式 a=3,a+=a-=a*a 的值是________。

10. 若 a 和 b 是整型变量，则表达式 a=3,b=2,a&&b 的值是________。

11. 表达式 'd'-'5'+'3' 表示的字符是________。

12. 若 d 是 int 型变量，则表达式 d=9,2/5*d 的值是________。

13. 若 n 是 int 型变量，则表达式 n=123,n%10*100+n/10%10*10+n/100 的值是________。

14. 若变量 a，b 和 c 都是 int 型变量，则下面的程序段执行后，变量 b 的值是________。

```
a=2;b=3;c=a>1||b-->0;
```

15. C 语言中，只有单目运算符、________和赋值运算符是右结合的。

第3章

应用顺序结构设计程序解决简单实际问题

顺序结构是一组按书写顺序执行的语句。它是C语言中最简单、最基本的一种结构，是进行复杂程序设计的基础。本章将讨论顺序结构中涉及的基本语句及其程序设计，包括数据的输入与输出、顺序结构程序设计等。通过对上述问题的训练，使读者能够掌握C程序中的顺序结构程序设计，为今后的程序设计打下基础。

实训目标

通过本章训练，你将能够：

☑ 掌握标准输入/输出函数的基本应用，了解常用格式字符。

☑ 掌握编写顺序结构程序设计的方法。

知识要点

1. 结构化程序设计的三种基本结构

① 顺序结构。

② 选择结构。

③ 循环结构。

2　C中的四类语句

① 控制语句。

② 表达式语句。

③ 空语句。

④ 复合语句。

3. 格式输入/输出函数

① 格式输入函数scanf( )。一般形式：

```
scanf(格式控制，地址项列表)；
```

② 格式输出函数 printf( )。一般形式：

```
printf(格式控制,输出项列表);
```

4. 字符输入 / 输出函数

① 字符输入函数 getchar( )。一般函数形式：

```
c=getchar();//c 为字符变量
```

② 字符输出函数 putchar( )。一般函数形式：

```
putchar(表达式);
```

思想启蒙

做一个有条理的人。懂得按照事情的计划和顺序来做，懂得统筹管理。

实 例 解 析

一、数据的输入与输出

【实例 3.1】为什么在下列程序中将 10 赋给 i 后，输出的结果并不是 10？

解：

```
#include "stdio.h"
void main()
{
    int i;
    scanf("%d",i);
    printf("%d",i);
}
```

解析：

这是由于 scanf("%d",i); 中书写有误所致，应将 i 改为 &i，即能得到正确的输出结果。由于 scanf("%d",i); 中的错误，无法将初值 10 赋给变量 i，所以 i 的值为随机数，输出时只能将此随机数输出。

二、顺序结构程序设计

【实例 3.2】编写程序，试计算自己考试的总分和平均分。(设已知自己的物理、数学、化学、英语成绩)

解：

```
#include "stdio.h"
void main()
```

```
{
    float wl,sx,hx,yy,total,average;
    printf("input them\n");
    scanf("%f %f %f %f",&wl,&sx,&hx,&yy);              /* 输入四门功课的成绩 */
    total=wl+sx+hx+yy;                                  /* 求总分 */
    average=total/4;                                    /* 平均分 */
    printf("total is %.2f\n",total);
    printf("average is %.2f\n",average);
}
```

本程序运行结果为：

```
input them
      90 80 70 82<回车>
      total is 322.00
      average is 80.50
```

视 频

实例3.3

解析：

本题中变量最好设为实型，因为有的成绩是有小数的，特别是平均分数。

【实例 3.3】从键盘输入一个小写字母，要求改用大写字母输出。

解：

```
#include <stdio.h>
void main()
{
    char c1,c2;
    c1=getchar();                        /* 输入一个字符 */
    printf("%c,%d\n",c1,c1);
    c2=c1-32;                            /* 小写字母转换成对应的大写字母 */
    printf("%c,%d\n",c2,c2);
}
```

本程序运行结果为：

```
a<回车>
a,97
A,65
```

解析：

本题利用 getchar( ) 函数获取从键盘上输入的小写字母，利用此函数可获得单一字符，使用时必须引用 stdio.h 头文件。

相关知识

由 ASCII 代码表可知，一个大写字母比其对应的小写字母 ASCII 码值小 32，设输入字符变量 c1，输出变量 c2，二者关系为 c2=c1-32，%c 与 %d 对应同一个字符变量，则会输出其本身和它对应的 ASCII 码。记住一些常用字符的 ASCII 码，字母 A ~ Z 对应 65 ~ 90，a ~ z 对应 97~122，空格对应 32，数字 0 ~ 9 对应 48 ~ 57。

小　结

本章介绍了三种基本结构中的顺序结构，解题中应对问题仔细分析，考虑全面，牢记变量的定义和对应的输入/输出格式。本章所涉及的几个函数比较实用，应学会其使用方法，特别是对头文件的引用。

实 战 训 练

一、选择题

1. 设 i 是 int 型变量，j 是 float 型变量，用下面的语句给这两个变量输入值: scanf("i=%d, j=%f",&i,&j);，为了把 100 和 765.12 分别赋给 i 和 j，正确的输入为（　　）。

A. 100<空格>765.12<回车>　　B. i=100,j=765.12<回车>

C. 100<回车>765.12<回车>　　D. x=100<回车>,y=765.12<回车>

2. x，y，z 被定义为 int 型变量，若从键盘给 x，y，z 输入数据，则正确的输入语句是（　　）。

A. input x,y,z;　　B. scanf("%d%d%d",&x,&y,&z);

C. scanf("%d%d%d",x,y,z);　　D. read("%d%d%d",&x,&y,&z);

3. 设有如下程序段:

```
int a1,a2;char c1,c2;
scanf("%d%d",&a1,&a2);
scanf("%c%c",&c1,&c2);
```

若要求 a1，a2，c1，c2 的值分别为 20，30，A，B，则当从第一列开始输入数据时，正确的数据输入方式是（　　）。

A. 2030AB<回车>　　B. 20<空格>30<回车>AB<回车>

C. 20<空格>30<空格>AB<回车>　　D. 20<空格>30AB<回车>

4. 若 x 是 int 型变量，y 是 float 型变量，所用的 scanf 调用语句格式为:

```
scanf("x=%d,y=%f",&x,&y);
```

则为了将数据 10 和 66.6 分别赋给 x 和 y，正确的输入应是（　　）。

A. x=10,y=66.6　　B. 10　66.6

C. 10<回车>66.6　　D. x=10<回车>y=66.6

5. 以下程序段的输出结果是（　　）。

```
int a=1234;
printf("%2d\n",a);
```

A. 12　　B. 34　　C. 1234　　D. 提示出错、无结果

6. 设变量均已正确定义，若要通过 scanf("%d%c%d%c",&a1,&c1,&a2,&c2); 语句为变量 a1 和 a2 赋数值 10 和 20，为变量 c1 和 c2 赋字符 X 和 Y。则以下所示的输入形式中正确的是（　　）。

A. 10 X 20 Y　　　　B. 10 X20 Y

C. 10 X < 回车 >20 Y　　　　D. 10X< 回车 >20Y

7. 设有格式化输入语句：

```
scanf("x=%d,sumy=%d,linez=%d",&x,&y,&z);
```

已知在输入数据后，x，y，z 的值分别是 12，34，45，则正确的输入格式是（　　）。

A. 12,34,45　　　　B. x=12,y=34,z=45

C. x=12,sumy=34,z=45　　　　D. x=12,sumy=34,linez=45

8. 已有定义和语句：

```
double a,b,c;scanf("%lf%lf%lf",&a,&b,&c);
```

要求给 a，b，c 分别输入 10.0，20.0，30.0，则不正确的输入形式是（　　）。

A. 10.0< 回车 >　　20.0< 回车 >　　30.0

B. 10.0< 回车 >　　20　　30

C. 10 20< 回车 >　　30.0

D、10.0,20.0,30.0

二、判断题

1. 广义地讲，C 语言字符集中的任何一个字符均可用转义字符来表示。（　　）
2. getchar( ) 函数的作用是从标准输入设备上读入一个字符。（　　）
3. putchar( ) 函数的作用是把一个字符输出到标准输出设备。（　　）
4. 利用 scanf( ) 函数可以输入带空格的字符串。（　　）
5. 数据输出时，凡是打印出来的数字都是准确的。（　　）
6. printf("%-6d",a); 中的 “-” 代表输出一个负数。（　　）
7. 在给 scanf( ) 函数提供数据时，数据之间一律用空格分隔。（　　）
8. C 语言本身不提供输入 / 输出语句，输入和输出操作是由函数来实现的。（　　）
9. 输入语句 scanf("%7.2f",&a); 是合理的。（　　）
10. 若有 int i =3;，则 printf("%d",-i++); 输出的值为 -4。（　　）
11. 语句 printf("%f%%",1.0/3); 的输出结果为 0.333333。（　　）
12. 在 C 语言中，空语句表示什么都不做，因此毫无意义。（　　）
13. 执行 printf("%x",128);，输出结果为 128。（　　）
14. 格式字符 %g 选用 %e 或 %f 格式中输出宽度较长的一种格式输出实数。（　　）
15. 格式符 "%8d" 可以用于以八进制形式输出整数。（　　）

三、填空题

1. 函数 printf("%2s","ABCD") 的输出结果是________。
2. 函数 putchar( ) 的功能是向标准输出设备输出一个________。
3. 函数 getchar( ) 的功能是从标准输入设备输入一个________。

4. 若 a 和 b 都是 int 型变量，执行函数 scanf("%3d%2x",&a,&b) 时，对应的键盘输入数据是 263a2，则该函数执行后，变量 b 的十进制值等于________。

5. 若 a 和 b 都是 int 型变量，函数 scanf("%3d%2d",&a,&b) 对应的键盘输入数据是 2618223 <回车>，则该函数执行后，变量 b 的值等于________。

6. 使用格式符 %m.nf 输出一个实数时，若小数部分位数超过了说明的小数位宽度 n 时，则第 n+1 位要进行________。

7. 若有如下输入函数: scanf("%d%d%d",&a,&b,&c);，则可以使用空格、________或制表符作为输入数据的间隔符。

8. C 语言的输入 / 输出功能通过调用库________实现。

9. 表达式 'A' - 'D' 的值等于________。

10. 执行 printf("%s","china"); 语句，输出结果为________。

11. C 语言本身不提供输入 / 输出语句，其输入 / 输出操作是由________来实现的。

12. 以下程序运行后的输出结果是________。

```
void main()
{  char m;
   m='A'+33; printf("%c\n",m);
}
```

13. 在 C 语言中，所有的数据输入 / 输出都是由________完成的。

14. 当用 scanf( ) 函数输入字符串时，字符串中不能含有________，否则将其视为回车符作为串的结束符。

15. printf( ) 中的非格式字符串在输出时________，在显示中起提示作用。

16. 对应 scanf("a=%d,b=%d",&a,&b); 语句的输入 a 为 3、b 为 7 的键盘输入格式是________。

17. 在使用 printf( ) 函数时，如果字符串的长度或整型数位数超过说明的长宽，将按其________长度输出。

四、程序填空题

从键盘上输入一个小写字母，要求改用大写字母输出。

```
#include <stdio.h>
void main()
{  char c1,c2;
   /***********FILL***********/
   c1=________;
   printf("%c,%d\n",c1,c1);
   /***********FILL***********/
   c2=c1+'A'-________;
   printf("%c,%d\n",c2,c2);
}
```

五、程序改错题

求 $ax^2+bx+c=0$ 方程的根。a，b，c 由键盘输入，设 $b^2-4ac>0$。

```
#include <stdio.h>
```

```
#include <math.h>
void main()
{  float a,b,c,disc,x1,x2,p,q;
   /**********ERROR**********/
   scanf("a=%f,b=%f,c=%f",a,b,c);
   disc=b*b-4*a*c;
   /**********ERROR**********/
   p=-b/(2.0a);
   q=sqrt(disc)/(2.0*a);
   x1=p+q;
   /**********ERROR**********/
   x2=p+q;
   printf("\nx1=%5.2f\nx2=%5.2f\n",x1,x2);
}
```

六、程序设计题

编写一个程序，显示以下两行文字。

```
I am a student.
I love China.
```

第4章

应用选择结构设计程序实现分支判断

有一些稍复杂的实际问题，常要求依据某些条件来改变执行顺序，选择所要执行的语句，这称为选择结构。本章介绍选择结构中涉及的基本语句及其程序设计，包括选择结构程序设计、if语句、多重选择结构设计及switch流程设计等。通过对上述问题的训练，使读者能够掌握C程序中的选择结构程序设计，为今后的程序设计打下基础。

实训目标

通过本章训练，你将能够：

☑ 掌握if语句。

☑ 掌握switch流程设计。

☑ 掌握编写选择结构程序设计的方法。

知识要点

1. if语句的三种基本形式

（1）if形式

格式：

```
if（表达式）语句
```

功能：判断表达式的值，若为非0，执行语句，否则，跳过语句继续。

（2）标准if...else形式

语法格式：

```
if(表达式)   语句1;
else         语句2;
```

功能：先判断括号内表达式的值，若为非0，执行语句1，否则，执行语句2。

（3）if...else...if 形式

语法格式：

```
if(表达式 1)          语句 1;
else if(表达式 2)     语句 2;
...
else if(表达式 n-1)   语句 n-1;
else                  语句 n;
```

功能：首先计算表达式 1 的值，若值为真，则执行分支语句 1；否则，再计算表达式 2 的值，若值为真，则执行分支语句 2……如果所有 if 后的表达式都不为真，则执行分支语句 n。

2. 选择结构中常用的运算符和表达式

（1）关系运算符及其表达式

六个：大于（>），大于等于（>=），小于（<），不等（!=），小于等于（<=），恒等（==）。

关系表达式的结果是一个逻辑值，根据关系是否满足，分别取 1，或 0。

（2）逻辑运算符与逻辑表达式

① &&（与）：两边为 1，结果为 1。

② ||（或）：两边有一个为 1，结果为 1。

③ !（非）：非 1 为 0，非 0 为 1。

表达式的值为逻辑的 1 和 0，表示真与假。

（3）条件运算符及其表达式

条件运算符为（?:）是 C 语言中唯一的一个三目运算符（有三个参与运算的操作数）。

格式：

```
(表达式 1) ? (表达式 2) : (表达式 3)
```

功能：判断表达式 1 的值，若为非 0，则表达式 2 的值为条件表达式的值，否则，表达式 3 的值为条件表达式的值。

3. 嵌套 if 语句

标准语法格式：

```
if(表达式 1)
    if(表达式 2)    语句 1;
    else            语句 2;
else
    if(表达式 3)    语句 3;
    else            语句 4;
```

功能：先判断表达式 1 的值，若表达式 1 为非 0，再判断表达式 2 的值，若表达式 2 为非 0，则执行语句 1，否则执行语句 2。若表达式 1 的值为 0，再判断表达式 3 的值，若表达式 3 为非 0，则执行语句 3，否则执行语句 4。

4. switch 语句的应用

switch 语句又称为开关语句，在 C 程序中专门用来处理多分支选择问题。

语法格式：

```
switch(表达式)
{   case 常量1: 语句1;break;
    case 常量2: 语句2;break;
    …
    case 常量n: 语句n;break;
    default:    语句n+1;break;
}
```

说明：break; 不属于 switch 语句，是单独的语句，表示跳出所在语句。

功能：先计算表达式的值，判断此值是否与某个常量表达式的值匹配，如果匹配，控制流程转向其后相应的语句，若无，检查 default。

鱼和熊掌不可兼得。

实 例 解 析

一、if 语句多重选择结构设计

【实例 4.1】求输入三个数中最大的一个，并输出。

解：

```
#include "stdio.h"
void main()
{
    int a,b,c,max;
    printf("input three datas:\n");
    scanf("%d %d %d",&a,&b,&c);                    /* 输入三个整数 */
    max=a;                                          /* 假设第一个数是最大 */
    if(max<b)max=b;
    if(max<c)max=c;
    printf("max=%d\n",max);
}
```

本程序运行结果为：

```
input three datas:
5  4  3<回车>
max=5
```

解析：

本题比较三个数的大小，先两两比较，将前两个中较大的数与第三个数比较。先让 max 的值等于第一个数，然后依次和后面的数进行比较，若小于后面的数，则让 max 重新赋值，等于这个数。

视 频

实例4.2

【实例 4.2】编写程序，将输入的三个整数从大到小排列输出。

解：

方法一：

```
#include "stdio.h"
void main()
{
    int a,b,c;
    printf("Enter three integer:");
    scanf("%d %d %d",&a,&b,&c);
    if(a>=b)
    {
        if(b>=c)printf("%d %d %d\n",a,b,c);
        else if(a>=c)printf("%d %d %d\n",a,c,b);
        else printf("%d %d %d\n",c,a,b);
    }
    else
    {
        if(a>=c) printf("%d %d %d\n",b,a,c);
        else if(b>=c)printf("%d %d %d\n",b,c,a);
        else printf("%d %d %d\n",c,b,a);
    }
}
```

方法二：

```
#include "stdio.h"
void main()
{
    int a,b,c,temp;
    printf("Enter three integer:");
    scanf("%d %d %d",&a,&b,&c);
    if(a<b)
    {temp=a;a=b;b=temp;}
    if(a<c)
    {temp=a;a=c;c=temp;}
    if(b<c)
    {temp=b;b=c;c=temp;}
    printf("%d %d %d\n",a,b,c);
}
```

运行情况一：

```
Enter three integer: 1  2  3<回车>
3  2  1
```

运行情况二：

```
Enter three integer: 1  3  2<回车>
3  2  1
```

运行情况三：

```
Enter three integer: 3  2  1<回车>
3  2  1
```

解析：

在交换时，需要引用一个新的变量，其道理如同交换两杯中的水，要借助另一个空杯。使用 if 语句比较时，不可写成 if(a>b>c) 的格式，括号内只判断真或假，这时前两个数的比较结果和第三个数比较就不对了，应写成 if(a>b&&b>c) 的形式。

相关知识

三个或更多数比较时，都是两两相比，之后再与另一个相比，在个数较少时可以分析各种情况，用 if 语句进行分类讨论，输出结果。在比较的个数较多时，显然情况较复杂，应采取交换数值的方法，逐一安排数值所在位置。若有 n 个数排序，第一个数将比较 n-1 次，第二个数比较 n-2 次，依此类推，共需比较 (n-1)[1+(n-1)]/2 次。

二、switch 流程设计

【实例 4.3】编写程序输入数字 1 ~ 7 中的任意一个，输出所对应的是星期几。

解：

```
#include "stdio.h"
void main()
{
    int a;
    printf("input seven datas from one to seven:\n");
    scanf("%d",&a);
    switch(a)
    {
        case 1:printf("\n%d:Monday\n",a);break;
        case 2:printf("\n%d:Tuesday\n",a);break;
        case 3:printf("\n%d:Wednesday\n",a);break;
        case 4:printf("\n%d:Thursday\n",a);break;
        case 5:printf("\n%d:Friday\n",a);break;
        case 6:printf("\n%d:Saturday\n",a);break;
        case 7:printf("\n%d:Sunday\n",a);break;
        default:printf("\nError\n");
    }
}
```

本程序运行结果为：

```
input seven datas from one to seven:
5<回车>
5:Friday
```

解析：

在使用 switch 语句时，括号内的“a”应是一个定值，最好在程序的最后写上 default 语句，在

出错时给出适当的提示。break 语句在 C 语言中称为间断语句，break 语句只有关键字 break，没有参数。break 语句不仅可以用来结束 switch 的分支语句，也可以在循环结构中用来中途退出，亦即在循环条件没有终止前也可以使用 break 语句来跳出循环结构。

【实例 4.4】运行下面程序，掌握 switch 语句用法。

```
#include "stdio.h"
void main()
{  int choice;
   printf("**********************************************\n");
     printf("         红色电影列表                         \n");
     printf("                                              \n");
     printf("         1.《地雷战》                         \n");
     printf("         2.《地道战》                         \n");
     printf("         3.《开国大典》                       \n");
     printf("         4.《没有共产党就没有新中国》         \n");
     printf("         5.《长津湖》                         \n");
     printf("                                              \n");
     printf("**********************************************\n");
     printf("\n 请选择电影 (1,2,3,4,5): \n");
     scanf("%d",&choice);
     switch(choice)
     {  case 1:printf("将播放电影 --《地雷战》");break;
        case 2:printf("将播放电影 --《地道战》");break;
        case 3:printf("将播放电影 --《开国大典》");break;
        case 4:printf("将播放电影 --《没有共产党就没有新中国》");break;
        case 5:printf("将播放电影 --《长津湖》");break;
     }
  }
```

本程序运行后根据提示选择 1~5 的数字，则显示数字对应的电影。

小　结

本章介绍了三种基本结构中的选择结构，if 语句和 switch 语句应重点掌握，解题中，对问题应仔细分析，考虑全面，应学会其使用方法。

实 战 训 练

一、选择题

1. 关于 if 后一对圆括号中的表达式，以下叙述中正确的是（　　）。

   A. 只能用逻辑表达式

   B. 只能用关系表达式

   C. 既可以用逻辑表达式也可以用关系表达式

   D. 可以用任意表达式

2. 阅读以下程序：

```
#include "stdio.h"
void main()
{   int x=1,y=0,a=0,b=0;
    switch(x)
    {   case 1:switch(y)
        {   case 0:a++;break; }
            case 2:a++,b++;break;
    }
    printf("a=%d,b=%d\n",a,b);
}
```

上面程序的输出结果是（　　）。

A. a=2,b=1　　B. a=1,b=1　　C. a=1,b=0　　D. a=2,b=2

3. 若执行下面的程序时，从键盘上输入 5 和 2，则输出结果是（　　）。

```
#include "stdio.h"
void main()
{   int a,b,k;
    scanf("%d,%d",&a,&b);
    k=a;
    if(a<b)k=a%b;
    else k=b%a;
    printf("%d\n",k);
}
```

A. 5　　B. 3　　C. 2　　D. 1

4. 执行下述程序时，若从键盘输入 6 和 8，结果为（　　）。

```
#include "stdio.h"
void main()
{   int a,b,s;
    scanf("%d%d",&a,&b);
    s=a;
    if(a<b)s=b;
    s*=s;
    printf("%d",s);
}
```

A. 36　　B. 64　　C. 48　　D. 以上都不对

5. 设变量 x 和 y 均已正确定义并赋值。以下 if 语句中，在编译时将产生错误信息的是（　　）。

A. if(x++);
   else y++;

B. if(x>y&&y!=0);

C. if(x>0)x--
   else x++;

D. if(y<0){;}

6. 下列程序的运行结果是（　　）。

```
#include "stdio.h"
void main()
```

```
{   int x=-9,y=5,z=8;
    if(x<y)
       if(y<0)z=0;
       else z+=1;
    printf("%d\n",z);
}
```

A. 6　　B. 7　　C. 8　　D. 9

7. 已知 int x=1,y=2,z=3;，则以下语句执行后 x,y,z 的值是（　　）。

```
if(x>y)z=x;x=y;y=z;
```

A. x=1, y=2, z=3　　B. x=2, y=3, z=3

C. x=2, y=3, z=1　　D. x=2, y=3, z=2

8. 以下程序的输出结果是（　　）。

```
#include "stdio.h"
void main()
{   int a=15,b=21,m=0;
    switch(a%3)
    {   case 0:m++;break;
        case 1:m++;
        switch(b%2)
        {   default:m++;
            case 0:m++;break;
        }
    }
    printf("%d\n",m);
}
```

A. 1　　B. 2　　C. 3　　D. 4

9. 以下程序的输出结果是（　　）。

```
#include "stdio.h"
void main()
{   int a=5,b=4;
    printf("%d\n",a>b?a+b:a-b);
}
```

A. 9　　B. 1　　C. 10　　D. 无法确定

10. 设有如下程序：

```
#include "stdio.h"
void main()
{   float x=2.0,y;
    if(x<0.0)y=0.0;
    else if(x<10.0)y=1.0/x;
    else y=1.0;
    printf("%f\n",y);
}
```

该程序的输出结果是（   ）。

A. 0.000000　　B. 0.250000　　C. 0.500000　　D. 1.000000

11. 设有如下程序：

```
#include "stdio.h"
void main()
{  int x=1,a=0,b=0;
   switch(x)
   {  case 0: b++;
      case 1: a++;
      case 2: a++;b++;
   }
   printf("a=%d,b=%d\n",a,b);
}
```

该程序的输出结果是（   ）。

A. a=2,b=1　　B. a=1,b=1　　C. a=1,b=0　　D. a=2,b=2

12. 阅读下面的程序，该程序（   ）。

```
#include "stdio.h"
void main()
{  int a=5,b=0,c=0;
   if(a=b+c)printf("***\n");
   else printf("$$$\n");
}
```

A. 有语法错不能通过编译　　B. 可以通过编译但不能通过连接

C. 输出 ***　　D. 输出 $$$

13. 运行下面程序，若从键盘输入字母 b，则输出结果是（   ）。

```
#include "stdio.h"
void main()
{  char c;
   c=getchar();
   if(c>='a'&&c<='u')c=c+4;
   else if(c>='v'&&c<='z')c=c-21;
   else printf("input error!\n");
   putchar(c);
}
```

A. g　　B. w　　C. f　　D. d

14. 在使用 switch 语句时，在 case 后的各常量表达式的值必须（   ）。

A. 不能相同　　B. 可以相同

C. 顺序排列　　D. 逆序排列

15. 若要求在 if 后一对圆括号中表示 a 不等于 0 的关系，则能正确表示这一关系的表达式为（   ）。

A. a< >0　　B. !a　　C. a=0　　D. a

16. 以下错误的if语句是（　　）。

A. if (x>y);

B. if(x==y) x+=y;

C. if (x!=y) scanf("%d", &x) else scanf("%d",&y);

D. if (x<y) {x++; y++;}

17. 在C语言中能代表逻辑“真”的是（　　）。

A. YES　　B. NOT　　C. 等于0的数　　D. 非0的数

18. 以下程序的输出结果是（　　）。

```
#include "stdio.h"
void main()
{   int m=9;
    if(m++>9) printf("%d\n",m);
    else printf("%d\n",m--);
}
```

A. 8　　B. 9　　C. 10　　D. 11

19. 设int i=0,j=1,k=2,a=3,b=4,c=5;，则执行表达式(a=i<j)&&(b=j>k)&&(c=i,j,k)后a,b,c的值分别是（　　）。

A. 1,0,5　　B. 1,0,2　　C. 3, 4, 5　　D. 1,4,5

20. 判断char型变量c是否为数字字符的正确表达式为（　　）。

A. 48<=c<=57　　B. c<=48 && c>=57

C. c>=48 && c<=57　　D. c>=48 || c<=57

21. 执行以下程序段后x的值为（　　）。

```
m=3;
x=0;
if(m%3)x=1;
else if(m/3)x=2;
else x=3;
```

A. 0　　B. 1　　C. 2　　D. 3

22. C语言中，判断字符型变量c为大写字母的表达式是（　　）。

A. ('A'<=c<='Z')　　B. (c>'A')||(c<'Z')

C. (c>='A')&&(c<='Z')　　D. (c>'A')and(c<'Z')

23. C语言中，能正确表示逻辑关系x>1且x<9的表达式是（　　）。

A. x>9 || x<1　　B. x>9 | x<1　　C. x>9 & x<1　　D. x>1 && x<9

二、判断题

1. 在嵌套的if语句中，else应与第一个if语句配对。（　　）

2. 在嵌套的if语句中，else应与它上面的最近的且未曾配对的if语句配对。（　　）

3. 在if语句中，条件判断表达式可以不用括号括起来。（　　）

4. if语句中的表达式不限于逻辑表达式，可以是任意的数值类型。（　　）

5. if语句、switch 语句可以嵌套使用。　　(　　)
6. 如果 if 和 else 的数目不统一，可以加 {} 明确配对关系。　　(　　)
7. 在 if 语句中，if 后面只能跟关系表达式，不能是其他数据。　　(　　)
8. 在 switch 语句中，无论如何 default 后面的语句都要执行一次。　　(　　)
9. C 语言中的逻辑“真”是用 1 表示的，逻辑“假”是用 0 表示的。　　(　　)
10. 每个 switch 结构中都必须含有 default 分支。　　(　　)
11. 在使用 switch 语句时，多个 case 可以共用一个执行语句。　　(　　)
12. 在 switch 语句中，每一个 case 的常量表达式的值必须互不相同。　　(　　)
13. 条件表达式可以取代 if 语句，或者用 if 语句取代条件表达式。　　(　　)
14. 使用 switch 语句的前提条件是条件表达式必须是基于同一个整型（或字符型）变量。　　(　　)

三、填空题

1. 用 if 语句可以实现的功能，________能用 switch 语句实现。(本空填“一定”或“不一定”)。
2. 下面一段程序的输出结果是________。

```
int x=2;if(x)printf("TRUE");else;printf("FALSE");
```

3. 执行下列语句后的输出为________。

```
int j=-1;
if(j<=1)printf("****\n");
else printf("%%%%\n");
```

4. 当 a=3,b=2,c=1; 时，执行以下程序段后，c 的值为________。

```
if(a>b)a=b;
if(b>c)b=c;
else c=b;
c=a;
```

5. 当 a=1,b=2,c=3 时，执行以下程序段后，a 的值为________。

```
if(a>c)
   b=a;
   a=c;
   c=b;
```

6. (!x)==(x!=0) 的值为________。
7. 当 a=0,b=2,c=3 时，表达式 a+b>0 && b==c 的值是________。
8. 设 x,y,z 均为 int 型变量，写出描述“x 或 y 中有一个小于 z”的表达式________。
9. 当 a=0,b=2,c=4 时，表达式 c+b>0 && !b==a 的值是________。
10. switch 语句中每一个 case 后面的常量表达式的值必须________。
11. C 语言本身不提供输入 / 输出语句，其输入 / 输出操作是由________来实现的。
12. 在使用 switch 语句时，各 case 和 default 子句的先后顺序如果变动，则程序执行结果

________（本空填“会”或“不会”）受到影响。

13. 以下程序运行后的输出结果是________。

```
#include "stdio.h"
void main()
{  char m;
   m='A'+33;
   printf("%c\n",m);
}
```

14. 执行下列程序段后，y 的值为________。

```
int x,y,z,m,n;m=10;n=5;
x=(--m==n++)?--m:++n;
y=m++;
```

15. 在使用 switch 语句时，在 case 后的各常量表达式的值________（本空填“能”或“不能”）相同。

16. 执行 a=10>8*2?3+5:3*2; 后，a 的值是________。

四、程序填空题

1. 输入三个整数 x,y,z，把这三个数由小到大输出。

```
#include <stdio.h>
void main()
{
    int x,y,z,t;
    scanf("%d%d%d",&x,&y,&z);
    /**********FILL**********/
    if(x>y){t=x;x=y;________}
    /**********FILL**********/
    ________(x>z){t=x;x=z;z=t;}
    /**********FILL**********/
    if(________){t=y;y=z;z=t;}
    printf("small to big: %d %d %d\n",x,y,z);
}
```

2. 输入圆的半径 r 和一个整型数 k，当 k=1 时，计算圆的面积；当 k=2 时，计算圆的周长；当 k=3 时，既计算圆的周长又计算圆的面积。编程实现以上功能。

```
#include <stdio.h>
#define pi 3.14159
void main()
{  int k;
   /***********FILL***********/
      ________r,c,a;
      printf("input r,k\n");
      scanf("%f%d",&r,&k);
      /***********FILL***********/
      switch(________)
```

```
    {  case 1: a=pi*r*r; printf("area=%f\n",a);break;
       /***********FILL***********/
       ________: c=2*pi*r;printf("circle=%f\n",c);break;
       case 3: a=pi*r*r;c=2*pi*r;printf("area=%f circle=%f\n",a,c);break;
    }
}
```

3. 编写程序，判断某一年是否是闰年。

```
#include "stdio.h"
void main()
{  int year,leap;
   /***********FILL***********/
   scanf("________",&year);
   /***********FILL***********/
   if(year%4________)
   {
      if(year%100==0)
      {
         if(year%400==0)
            /***********FILL***********/
            leap=________;
         else leap=0;
      }
      else leap=1;
   }
   else leap=0;
   /***********FILL***********/
   if(________)
      printf("%d is",year);
   else  printf("%d is not",year);
      printf("a leap year\n");
}
```

4. 设有函数关系如下，试编程求对应于每一自变量的函数值。

$$y=\begin{cases} x^2 & (x<0) \\ -0.5x+10 & (0\leqslant x<10) \\ x-\sqrt{x} & (x\geqslant 10) \end{cases}$$

```
#include "stdio.h"
#include <math.h>
void main()
{  float x,y;
   /***********FILL***********/
   scanf("%f",________);
   if(x<0) y=x*x;
   else
   /***********FILL***********/
      if(________)y=-0.5*x+10;
      else
         /***********FILL***********/
```

```
        y=x-________;
    printf("y=%f",y);
}
```

五、程序改错题

1. 计算下列分段函数值，输入 x，输出 y 的值。

$$y=\begin{cases} x & (x<6) \\ x+5 & (6\leq x<10) \\ x^2+x-1 & (\text{其他}) \end{cases}$$

```
#include "stdio.h"
#include "math.h"
void main()
{  float x,y;
   /**********ERROR**********/
   scanf("%f",x);
   if(x<6)
      y=x;
   else if(x<10)
      y=x+5;
   else
   /**********ERROR**********/
   y=x2+x-1;
   /**********ERROR**********/
   printf("%d\n",y);
}
```

2. 输入一个不多于四位的整数，求出它是几位数，并逆序输出各位数字。

```
#include "stdio.h"
void main()
{  int num,a,b,c,d,p;
   /**********ERROR**********/
   scanf("%d",num);
   if(num<=9999&&num>999)p=4;
   else if(num>99)p=3;
   /**********ERROR**********/
   else if(num<9)p=2;
   else if(num>0)p=1;
   printf("位数是: %d\n",p);
   a=num/1000;
   b=num/100%10;
   c=num/10%10;
   /**********ERROR**********/
   d=num/10;
   switch(p)
   {  case 4:printf("%d%d%d%d\n",d,c,b,a);break;
      case 3:printf("%d%d%d\n",d,c,b);break;
      case 2:printf("%d%d\n",d,c);break;
      case 1:printf("%d\n",d);break;
   }
}
```

六、程序设计题

1. 设某企业发放的奖金根据利润提成。利润低于或等于 10 万元时，奖金可提 10%；利润高于 10 万元且低于 20 万元时，低于 10 万元的部分按 10% 提成，高于 10 万元的部分可提成 7.5%；在 20 万元到 40 万元之间时，高于 20 万元的部分可提成 5%；在 40 万元到 60 万元之间时，高于 40 万元的部分可提成 3%；在 60 万元到 100 万元之间时，高于 60 万元的部分可提成 1.5%；高于 100 万元时，超过 100 万元的部分按 1% 提成。从键盘输入当月利润，求应发放奖金总数。

2. 编写一个程序，要求由键盘输入三个数，计算以这三个数为边长的三角形的面积。

第5章 应用循环结构设计程序实现重复操作

在很多实际问题中经常遇到具有规律性的重复运算，此时可以使用程序的另一种重要的基本结构即循环结构解决这样的问题。其中一组重复执行的语句称为循环体，每一次重复都必须做出继续重复还是停止执行的决定，决定所依据的条件称为重复的终止条件。本章介绍循环结构中涉及的基本语句及其程序设计，包括 for 和 while 循环程序设计、多重循环程序设计、穷举类型的程序设计及递推类型的程序设计等。通过对上述问题的训练，使读者能够掌握C程序中的循环结构，为今后的程序设计打下基础。

实训目标

通过本章训练，你将能够：

☑ 掌握 for、while、do…while 循环语句的概念及使用方法。掌握三种循环语句之间的联系，并且能进行正确转换。

☑ 熟悉 break 语句及 continue 语句的概念及使用方法。

☑ 了解多重循环的概念及设计方法，能够编写循环结构程序。

知识要点

1. 循环的基本要素

（1）循环变量的初始值

循环变量的初值。

（2）循环进入条件

满足条件则执行循环体。

（3）循环体

重复执行的语句。

（4）循环变量的增值

循环变量的改变，进一步测试条件。

2. 三种循环语句

（1）while 循环

格式:

```
while（表达式）循环体
```

功能: 先判断表达式的值，若为非零，重复执行循环体语句，再判断……直到表达式的值为零，退出循环体。

（2）do…while 循环

格式:

```
do 循环体 while（表达式）;
```

功能：先执行循环体，再判断表达式的值，若为非零，重复执行循环体语句，再判断……直到表达式的值为零，退出循环体。

（3）for 循环

格式:

```
for（表达式 1; 表达式 2; 表达式 3）{ 语句组 }
```

功能: 计算表达式 1 初值; 计算表达式 2 并判断，当表达式 2 为 0 时跳出循环，当表达式 2 非 0，执行循环体语句，计算表达式 3 增量; 自动转到第二步（计算表达式 2）……继续执行。

3. 多重循环（嵌套循环）

一个循环体内又包含另一个完整的循环结构，即循环套循环，称为多重循环（“嵌套循环”）。

（1）一个循环体必须完完整整地嵌套在另一个循环体内，不能出现交叉。

（2）多层循环的执行顺序是: 最内层先执行，由内向外逐层展开。

（3）三种循环可以互相嵌套。

（4）并列循环允许使用相同的循环变量，但嵌套循环不允许。

4. break 和 continue 语句

（1）break 语句

格式:

```
break;
```

break 语句的功能:

①在 switch 语句中结束 case 子句，使控制转到 switch 语句之外。

②在循环结构中，break 语句使流程转向该循环体的外层继续运行。向外退出一层循环。

（2）continue 语句

格式:

```
continue;
```

功能: continue 语句仅能在循环语句中使用。它的作用不是结束循环，而是开始一次新的循环。

积少成多，水滴石穿。天生我材必有用。

实 例 解 析

一、for、while 循环程序设计

【实例 5.1】for 循环输出三首诗词。

```
#include "stdio.h"
void main()
{
int i;
printf("诗词! 1:从军行七首·其四;2:满江红;3:过零丁洋\n\n");
for(i=1;i<=3;i++)
{  if(i==1)
        printf("青海长云暗雪山，孤城遥望玉门关。\n黄沙百战穿金甲，不破楼兰终不还。\n\n");
        else if(i==2)
         printf("怒发冲冠，凭栏处、潇潇雨歇。抬望眼，仰天长啸，壮怀激烈。\
         三十功名尘与土，八千里路云和月。莫等闲，白了少年头，空悲切！ \n\
         靖康耻，犹未雪。臣子恨，何时灭！驾长车，踏破贺兰山缺。壮志饥餐胡虏肉，\
         笑谈渴饮匈奴血。待从头、收拾旧山河，朝天阙。\n\n");
         else if(i==3)
            printf("辛苦遭逢起一经，干戈寥落四周星。\n山河破碎风飘絮，身世浮沉雨打萍。\n惶恐滩头说惶恐，零丁洋里叹零丁。\n人生自古谁无死？留取丹心照汗青。\n\n");
    }
}
```

解析：

通过循环，输出了三首诗词，若一行文字太多，可在结尾添加“\”，然后按【Enter】键进入下一行。

【实例 5.2】计算前 10 个自然数之和。

解：

方法一：

```
#include "stdio.h"
void main()
{
   int i,sum=0;
   for(i=1;i<=10;i++)                        /*i从1变换到10*/
   {
      sum=sum+i;                             /*累加i*/
   }
   printf("%d",sum);
}
```

方法二：

```
#include "stdio.h"
```

```
void main()
{
    int  i=1,sum=0;
    while(i<=10)                              /* 控制 i 不大于 10*/
    {
        sum=sum+i;
        i=i+1;                                /*i 自加 */
    }
    printf("%d",sum);
}
```

本程序运行结果为：

```
55
```

解析：

求自然数 1 ~ 10 之和，for 循环、while 循环、do…while 循环都可以实现，三者之间是可以相互转换的，如果知道循环次数，一般选择 for 循环；若未知，可用 while 循环。本题方法一和方法二分别使用了 while 循环和 for 循环。请读者思考如何用 do…while 循环做此题。

【实例 5.3】计算 1-3+5-7+…+97-99 的值。

解：

方法一：

```
#include "stdio.h"
void main()
{
    int  i=1,k=1,j,t=0;
    while(i<=99)
    {
        j=k*i;
        t=t+j;                       /* 进行累加 */
        i=i+2;                       /*i 每次增加 2*/
        k=-k;                        /* 隔位变符号 */
    }
    printf("%d\n",t);
}
```

方法二：

```
#include "stdio.h"
void main()
{
    int  i=1,j=3,t1=0,t2=0;
    while(i<=97)
    {
        t1=t1+i;                     /*t1 为所有正数的和 */
        i=i+4;                       /*i 每次增加 4*/
    }
    while(j<=99)
    {
```

```
        t2=t2+j;                          /*t2 为所有负数绝对值的和 */
        j=j+4;                            /*j 每次增加 4*/
    }
    printf("%d\n",t1-t2);                 /*t1-t2 即为表达式的值 */
}
```

本程序运行结果为：

```
-50
```

解析：

（1）有两种思路：一种思路是按原顺序相加，规律是被加数绝对值每次增加 2，正负号每次交替变化；另一种思路是正的加在一起，负都统一放进括号里，变成正数相加，最后转换成求两个数之差。

（2）这种求数列问题，关键就是找规律，再使用循环进行运算。

视频

实例5.4

二、多重循环程序设计

【实例 5.4】试编写程序，打印出如下图形。

```
* * * *
  * * *
    * *
      *
```

解：

```
#include "stdio.h"
void main()
{
    int i,j;
    for(i=1;i<=4;i++)
    {
        for(j=1;j<=i-1;j++)                    /* 空格与行之间的关系为 j=i-1*/
            printf(" ");
        for(j=1;j<=5-i;j++)
            printf("*");                       /* “*” 与行之间的关系为 j=5-i*/
        printf("\n");
    }
}
```

解析：

（1）本题图形共 4 行，则外层循环为 4 次循环，内层循环打印空格和“*”，它们的规律是第 i 行有 (i-1) 个空格和 (5-i) 个“*”，每行输出后要有换行符“\n”。

（2）对于图形问题，关键也是找规律，逐行查找，看行控制变量与输出相同字符列之间的关系，找出数量间的联系。注意不要遗漏空格字符。

三、穷举类型的程序设计

【实例 5.5】口袋里放 12 个球，3 个红的，3 个白的，6 个黑的，从中任取 8 个，编写程序列出所有可能的取法。

解：

方法一：

```
#include "stdio.h"
void main()
{
    int red,white,black;
    for(red=0;red<=3;red++)
    for(white=0;white<=3;white++)
        for(black=0;black<=6;black++)
            if(red+white+black==8)
                printf("\nred %d,white %d,black %d",red,white,black);
}
```

方法二：

```
#include "stdio.h"
void main()
{
    int red,white,black;
    for(red=0;red<=3;red++)
        for(white=0;white<=3;white++)
            if(8-red-white<=6)
                printf("\nred %d,white %d,black %d",red,white,8-red-white);
}
```

本程序运行结果为：

```
red 0,white 2,black 6
red 0,white 3,black 5
red 1,white 1,black 6
red 1,white 2,black 5
red 1,white 3,black 4
red 2,white 0,black 6
red 2,white 1,black 5
red 2,white 2,black 4
red 2,white 3,black 3
red 3,white 0,black 5
red 3,white 1,black 4
red 3,white 2,black 3
red 3,white 3,black 2
```

解析：

本题使用穷举法。第一种方法使用三重循环，对每一种颜色的球的个数进行穷举，红色和白色球个数的上限为 3，黑色球个数的上限为 6，3 种球的个数相加是 8，就是一组取法；第二种方法使用双重循环，只对红色和白色球的个数进行穷举，而黑色球使用公式 8-red-white 计算出来，当然这个数的上限为 6，所以要用 if 语句做判断，黑色球满足这个条件时，就又是一组取法。

【实例 5.6】用 40 元买苹果、梨和西瓜，各品种都要，总数为 100 个。已知苹果 0.4 元一个，梨

0.2 元一个，西瓜 4.0 元一个，问可以各买多少个。输出所有可能的方案。

解：

```
#include "stdio.h"
void main()
{
    int x,y,z;
    for(x=1;x<=9;x++)                                  /* 外循环表示西瓜数的变化 */
    {
        for(y=1;y<=89;y++)                             /* 内循环表示苹果数的变化 */
        {
            z=100-x-y;                                 /* 计算梨的个数 */
            if(40*x+4*y+2*z==400)                      /* 判断三种水果的个数是否满足情况 */
                printf("x=%d,y=%d,z=%3d\n",x,y,z);
        }
    }
}
```

本程序运行结果为：

```
x=1,y=81,z= 18
x=2,y=62,z= 36
x=3,y=43,z= 54
x=4,y=24,z= 72
x=5,y=5,z= 90
```

解析：

这是一个实际问题，相当于两个方程求解三个未知数，我们利用 for 循环，使数据逐一代入方程，进行求解。依题意，西瓜最多可买 9 个，苹果最多可买 89 个，因总和最多为 100，故梨的个数就可以算出来了。

【实例 5.7】有一堆鸡蛋，若两两拿剩一个，三三拿剩一个，四四拿剩一个，五五拿剩一个，六六拿剩一个，七七拿则正好拿完，问这堆鸡蛋共有多少个。

解：

```
#include "stdio.h"
void main()
{
    long int k,m;
    for(k=1;;k++)
    {
        m=7*k-1;                                /* 此时共有 7k 个鸡蛋 */
        if(m%2==0&&m%3==0&&m%4==0&&m%5==0&&m%6==0)
                                                /*m 个鸡蛋前 5 次都拿完了 */
        {
            printf("there are %d",7*k);
            break;
        }
    }
}
```

本程序运行结果为：

```
there are 301
```

解析：

此题为实际应用题，要转化为数学模型，7 个 7 个拿完，证明有 7*k 个（k 为自然数），每次拿 n 个剩一个，则可以理解为 (7*k-1)%n=0。

四、递推类型的程序设计

【实例 5.8】求 s=a+aa+aaa+…+aa…a（n 个）。

解：

```
#include "stdio.h"
void main()
{
   int a,n,count=1,sn=0,tn=0;
   printf("input a and n:\n");
   scanf("%d,%d",&a,&n);                    /* 输入 a 和 n*/
   printf("a=%d n=%d\n",a,n);
   while(count<=n)
   {
      tn=tn+a;                              /*tn 是每一项数值 */
      sn=sn+tn;                             /*sn 是各项相加的和 */
      a=a*10;
      ++count;
   }
   printf("sn=%d\n",sn);
}
```

本程序运行结果为：

```
input a and n:
1,5<回车>
a=1 n=5
sn=12345
```

解析：

先找规律，每一项都是前一项乘以 10 再加上最开始的 a 值，再利用 for 循环求解。本题还有其他思路，请读者思考。

小　结

循环结构是三种结构中较重要的部分，应用比较广泛，与以后学习的各章都有联系，应加以重视，灵活运用。无论计算题还是图形题都是逐一找规律，而对于应用题，先把其转化为数学题，再用程序实现。

实 战 训 练

一、选择题

1. 当输入为“quert?”时，下面程序的执行结果是（　　）。

```
#include "stdio.h"
void main()
{   char c;
    c=getchar();
    while(c!='?')
    {   putchar(c);
        c=getchar();
    }
}
```

A. quert　　B. Rvfsu　　C. quert?　　D. rvfsu?

2. 若变量已正确定义，则下面程序段的输出结果是（　　）。

```
i=0;
do printf("%d,",i);while(i++);
printf("%d\n",i);
```

A. 0,0　　B. 0,1
C. 1,1　　D. 程序进入无限循环

3. 设有程序段：

```
int k=10;
while(k=0)k=k-1;
```

则下面描述中正确的是（　　）。

A. while 循环执行 10 次　　B. 循环是无限循环
C. 循环体语句一次也不执行　　D. 循环体语句执行一次

4. 下列程序的输出结果是（　　）。

```
#include "stdio.h"
void main()
{   int i,a=0,b=0;
    for(i=1;i<10;i++)
    {   if(i%2==0)
        {   a++;
            continue;
        }
            b++;
    }
    printf("a=%d,b=%d",a,b);
}
```

A. a=4,b=4　　B. a=4,b=5　　C. a=5,b=4　　D. a=5,b=5

5. 下列说法中错误的是（　　）。

A. 只能在循环体内使用 break 语句

B. 在循环体内使用 break 语句可以使流程跳出本层循环体，从而提前结束本层循环

C. 在 while 和 do…while 循环中，continue 语句并没有使整个循环终止

D. continue 的作用是结束本次循环，即跳过本次循环体中尚未执行的语句，接着再一次进行循环判断

6. 下面的表达式 while(!x) 中的表达式 !x 与下面的条件（　　）等价。

A. x==0　　B. x==1　　C. x==0||x==1　　D. x!=0

7. 已知：

```
int t=0;
while(t=1)
{…}
```

则以下叙述正确的是（　　）。

A. 循环控制表达式的值为 0　　B. 循环控制表达式的值为 1

C. 循环控制表达式不合法　　D. 以上说法都不对

8. 以下 while 循环中，循环体执行的次数是（　　）。

```
k=1;
while(--k)
   k=10;
```

A. 10 次　　B. 无限次

C. 1 次　　D. 一次也不执行

9. 以下程序的输出结果是（　　）。

```
#include "stdio.h"
void main()
{  int i;
   for(i=0;i<3;i++)
   switch(i)
   {  case 0: printf("%d",i);
      case 2: printf("%d",i);
      default: printf("%d",i);
   }
}
```

A. 022111　　B. 021021　　C. 000122　　D. 012

10. 以下程序段（　　）。

```
x=-1;
do{
   x=x*x; printf("%d",x);
```

```
}while(!x);
```

A. 是死循环　　B. 循环执行两次

C. 循环执行一次　　D. 有语法错误

11. 以下描述中正确的是（　　）。

A. 由于 do…while 循环中循环体语句只能是一条可执行语句，所以循环体内不能使用复合语句

B. do…while 循环由 do 开始，用 while 结束，在 while（表达式）后面不能写分号

C. 在 do…while 循环体中，是先执行一次循环，再进行判断

D. 在 do…while 循环中，根据情况可以省略 while

12. 以下叙述正确的是（　　）。

A. continue 语句的作用是结束整个循环的执行

B. 只能在循环体内和 switch 语句体内使用 break 语句

C. 在循环体内使用 break 语句或 continue 语句的作用相同

D. 从多层循环嵌套中退出时，只能使用 goto 语句

13. 有如下程序：

```
#include "stdio.h"
void main()
{   int n=9;
    while(n>6)
    {n--; printf("%d",n);}
}
```

则该程序的输出结果是（　　）。

A. 987　　B. 876　　C. 8765　　D. 9876

14. 有以下程序：

```
#include "stdio.h"
void main()
{   int i,j,m=55;
    for(i=1;i<=3;i++)
        for(j=3;j<=i;j++) m=m%j;
    printf("%d\n",m);
}
```

则程序的运行结果是（　　）。

A. 0　　B. 1　　C. 2　　D. 3

15. 有以下程序：

```
#include "stdio.h"
void main()
{   int y=9;
    for(;y>0;y--)
        if(y%3==0)printf("%d",--y);
}
```

则程序的运行结果是（　　）。

A. 741　　B. 963

C. 852　　D. 875421

16. 有以下程序：

```
#include "stdio.h"
void main()
{  int i,s=1;
   for(i=1;i<50;i++)
      if(!(i%5)&&!(i%3))s+=i;
   printf("%d\n",s);
}
```

则程序的输出结果是（　　）。

A. 409　　B. 277　　C. 1　　D. 91

17. 执行下面的程序后，a 的值为（　　）。

```
#include "stdio.h"
void main()
{  int a,b;
   for(a=1,b=1;a<=100;a++)
   {  if(b>=20)break;
      if(b%3==1)
      {  b+=3;
         continue;
      }
      b-=5;
   }
}
```

A. 7　　B. 8　　C. 9　　D. 10

18. 在循环语句 for(a=1;a>10;a++) 中，执行次数最少的表达式是（　　）。

A. a=1　　B. a>10

C. a++　　D. 不确定

19. 执行下列程序段后，变量 j 的结果为（　　）。

```
int i=0,j=0;
while(i++<10);
while(j++<10);
```

A. 10　　B. 11　　C. 20　　D. 21

20. 若定义 int i=0,j=0;，则语句 while(i++<10)i++; 的循环次数为（　　）。

A. 4　　B. 5　　C. 9　　D. 10

21. 以下程序段的输出结果为（　　）。

```
int y=10;
```

```
while(y--);
printf("y=%d\n",y);
```

A. y=0　　B. while 构成死循环　　C. y=1　　D. y=-1

22. 循环 for(i=1;i<9;i+=1); 共执行了（　　）次。

A. 7　　B. 8　　C. 9　　D. 10

23. 执行完循环 for(i=1;i<100;i++); 后，i 的值为（　　）。

A. 99　　B. 100　　C. 101　　D. 102

24. （　　）语句如果在循环条件初次判断为假，还会执行一次循环体。

A. for　　B. while

C. do…while　　D. 以上都不是

25. C 语言中 while 和 do…while 循环的主要区别是（　　）。

A. do…while 的循环体至少无条件执行一次

B. while 的循环控制条件比 do…while 的循环控制条件更严格

C. do…while 允许从外部转到循环体内

D. do…while 的循环体不能是复合语句

26. 下面关于 do…while 循环与 while 循环的不同点的叙述错误的是（　　）。

A. do…while 先执行循环中的语句，然后再判断表达式是否为真

B. while 先执行循环中的语句，然后再判断表达式是否为真

C. 循环体如包括有一个以上的语句，则必须用 { } 括起来，组成复合语句

D. do…while 循环至少要执行一次循环语句

27. 下列描述错误的是（　　）。

A. break 语句对 if…else 的条件语句不起作用

B. 在多层循环中，一条 break 语句只向外跳一层

C. break 语句通常用在循环语句和开关语句中

D. break 语句总是与 if 语句连在一起

二、判断题

1. while 循环结构的特点是"先判断后执行"，如果表达式的值一开始就为"假"，则循环体一次也不执行。（　　）

2. 循环体中，如果包含一个以上的语句，则应用花括号将其括起来，以复合语句的形式出现。（　　）

3. 使用循环的嵌套结构时，外层循环应"完全包含"内层循环，不能发生交叉。（　　）

4. 使用循环的嵌套结构时，嵌套的循环控制变量一般不应同名，以免造成混乱。（　　）

5. 嵌套的循环提倡使用缩进式书写格式，以增加程序的可读性。（　　）

6. while 循环最少执行一次。（　　）

7. while 语句中，只要表达式的值为真即可继续循环。（　　）

8. do…while 语句中的语句可以一次也不执行。（　　）

9. 在循环语句中，while 语句与 do…while 语句完全等价。 (　　)

10. for 语句中的表达式 1、表达式 2、表达式 3 均可以省略，并且分号也可以省略。 (　　)

11. for(; ;) 语句相当于 while(1) 语句。 (　　)

12. 在 for 循环中，循环变量只能增加，不能减少。 (　　)

13. 在 for 循环中，循环变量只能是整型或字符型的。 (　　)

14. 在一个 for 语句中，可以给多个变量赋初值。 (　　)

15. 在循环语句中，for 循环是当型循环。 (　　)

16. continue 的作用为终止循环而执行循环后面的语句。 (　　)

17. 在循环体内使用 break 语句或 continue 语句的作用相同。 (　　)

18. break 语句不能用于循环语句和 switch 语句之外的任何其他语句中。 (　　)

19. 在多层循环中，break 语句跳出所有循环，直接执行最外层循环后面的语句。 (　　)

三、填空题

1. C 语言程序的三种基本结构是顺序结构、选择结构、________结构。

2. 循环结构中反复执行的程序段称为________。

3. do…while 循环与 while 循环的不同在于: ________先执行循环中的语句后做条件________判断。

4. 循环体如果包含________个以上的语句，应用花括号括起来，以复合语句的形式出现。

5. do…while 循环至少要执行________次循环语句。

6. 当________语句用于 do…while、for、while 循环语句中时，可使程序终止循环而执行循环后面的语句。

7. 执行语句 for(i=1;i++<4;); 后变量 i 的值是________。

8. for(表达式 1; 表达式 2; 表达式 3) 中，表达式 2 可以是关系或逻辑表达式，但也可是数值表达式或字符表达式，只要其值________，就执行循环体。

9. break________(本空填“能”或“不能”) 用于循环语句和 switch 语句之外的任何其他语句之中。

10. 在多层循环中，一条 break 语句可向外跳________层。

11. goto 语句的标号必须与 goto 语句同处于一个________中。

12. 有程序段:

```
int k=10;
while(k=0)
   k=k-1;
```

该循环体语句执行________次。

13. 下面一段程序执行后，变量 s 的值等于________。

```
int a=10,s=0;
do{s=s+a,a++;}while(a<1);
```

14. 以下 do…while 语句中循环体的执行次数是________。

```
a=10;
b=0;
do{b=a--;a-=2;}while(a>=0);
```

15. 下面一段程序执行后，变量 s 的值等于________。

```
int a,s=0;
for(a=10;a>0;a-=3)s+=a;
```

16. 下面一段程序的功能是计算 6 的阶乘，并将结果保存到变量 s 中。

```
int a=1,s=_______;
for(;s*=a,++a<=6;);
```

17. 下面一段程序执行后变量 s 的值等于________。

```
int s=0,i,j;
for(i=1;i<=3;i++);
for(j=1;j<=i;j++)s=s+j;
```

18. 下面一段程序的功能是计算 1 ~ 5 的阶乘和，并将结果保存到变量 s 中。

```
int s=0,f=1,i;
for(i=1;i<=5;i++)
{f=f*_______;s=s+f;}
```

19. 下面一段程序段的功能是显示 10 ~ 20 之间的偶数。

```
int m;
for(m=10;m<=20;m++)
{if(_______)continue;printf("%d\n",m);}
```

20. 设 x 和 y 均为 int 型变量，则以下 for 循环中的 scanf 语句最多可执行的次数是________。

```
for(x=0,y=0;y!=123&&x<3;x++)
scanf("%d",&y);
```

21. 若所用变量都已正确定义，则以下程序段的输出结果________。

```
for(i=1;i<=5;i++);
printf("OK\n");
```

22. 在 for（表达式 1；表达式 2；表达式 3）语句中表达式 1 执行了________次。

23. 执行以下程序后，输出 '$' 的个数是________。

```
#include <stdio.h>
void main()
```

```
{   int i,j;
    for(i=1;i<5;i++)
        for(j=2;j<=i;j++)
            putchar('$');
}
```

24. 执行下列程序段后，s的值是________。

```
int k,s;
for(k=s=0;k<10&&s<=10;s+=k)k++;
```

四、程序填空题

1. 以下程序的功能是求两个非负整数的最大公约数和最小公倍数。

```
#include <stdio.h>
void main()
{   int m,n,r,p,gcd,lcm;
    scanf("%d%d",&m,&n);
    if(m<n){p=m,m=n;n=p;}
    p=m*n;
    r=m%n;
    /***********FILL***********/
    while(_______)
    /***********FILL***********/
    {m=n;n=r;_______;}
    /***********FILL***********/
    gcd=_______;
    lcm=p/gcd;
    printf("gcd=%d,lcm=%d\n",gcd,lcm);
}
```

2. 打印出如下图案。

```
      *
    * * *
  * * * * *
* * * * * * *
  * * * * *
    * * *
      *
```

```
#include <stdio.h>
void main()
{   int i,j,k;
    /***********FILL***********/
    for(i=0;_______;i++)
    {   for(j=0;j<=3-i;j++)
            printf(" ");
        /***********FILL***********/
        for(k=1;k<=_______;k++)
            printf("*");
```

```
        printf("\n");
    }
    /***********FILL***********/
    for(_______;j<3;j++)
    {   for(i=0;i<=j+1;i++)
            printf(" ");
        for(k=1;k<=5-2*j;k++)
            printf("*");
        printf("\n");
    }
}
```

3. 输出 100 ~ 1 000 之间的各位数字之和能被 15 整除的所有数，输出时每 10 个一行。

```
#include <stdio.h>
void main()
{   int m,n,k,i=0;
    for(m=100;m<=1000;m++)
    {
    /***********FILL***********/
    _______;
    n=m;
    do
    {
        /***********FILL***********/
        k=k+_______;
        n=n/10;
        /***********FILL***********/
    }_______;
    if(k%15==0)
    {   printf("%5d",m);i++;
        /***********FILL***********/
        if(i%10==0)_______;
        }
    }
}
```

4. 下面的程序是求 1!+3!+5!+…+n! 的和。

```
#include <stdio.h>
void main()
{
    long int f,s;
    int i,j,n;
    /***********FILL***********/
    _______;
    scanf("%d",&n);
    /***********FILL***********/
    for(i=1;i<=n;_______)
    {
        f=1;
        for(j=1;j<=i;j++)
            /***********FILL***********/
            _______;
```

```
        s=s+f;
    }
    printf("n=%d,s=%ld\n",n,s);
}
```

5. 求任一整数 x 的各位数字之和。

```
#include <stdio.h>
void main()
{
    /***********FILL***********/
    int x,_______;
    scanf("%d",&x);
    while(x!=0)
    /***********FILL***********/
    {   s=s+_______;
        x=x/10;
    }
    /***********FILL***********/
    printf("%4d:,_______);
}
```

6. 算式: ?2*7?=3848 中缺少一个十位数和一个个位数。编程求出使该算式成立时的这两个数，并输出正确的算式。

```
#include <stdio.h>
void main()
{   int x,y;
    /***********FILL***********/
    for(x=1;_______;x++)
        for(y=0;y<10;y++)
        /***********FILL***********/
        if(_______=3848)
        /***********FILL***********/
        {   printf("%d*%d=3848\n",_______);}
}
```

五、程序改错题

1. 根据整型值 m，计算如下公式的值：

Y=1+1/3+1/5+1/7+…+1/(2m−3)

```
#include "stdio.h"
void main()
{
    int  m;
    /**********ERROR**********/
    double y=1
    int i;
    scanf("%d",&m);
    /**********ERROR**********/
    for(i=1;i<m;i++)
```

```
      /*********FOUND*********/
      y+1.0/(2i-3)
   printf("y=%lf",y);
}
```

2. 输出fibonacci数列的前20项，要求变量类型定义成浮点型，输出时只输出整数部分。

```
#include <stdio.h>
void main()
{  int i;
   float f1=1,f2=1,f3;
   /*********ERROR**********/
   printf("%8d",f1);
   /*********ERROR**********/
   for(i=1:i<=20;i++)
   {  f3=f1+f2;
      /*********ERROR**********/
      f2=f1;
      /*********ERROR**********/
      f3=f2;
      printf("%8.0f",f1);
   }
}
```

3. 以下程序的功能是统计400 ~ 499这些数中4这个数字出现的次数。

```
#include <stdio.h>
void main()
{  int i,k=0,y;
   for(i=400;i<=499;i++)
   {  x=i;
      /*********ERROR**********/
      while(x==0)
      {  y=x%10;
         /*********ERROR**********/
         if(y=4)k++;
         x=x/10;
      }
   }
   printf("number=%d\n",k);
}
```

4. 计算正整数mun的各位的数字之积。例如，输入252，则输出应该是20。

```
#include <stdio.h>
void main()
{  long num;
   long k=1;
   printf("\nPlease enter a number:");
   /*********ERROR**********/
   scanf("%ld",num);
   do
```

```
    {
        k*=num%10;
        /**********ERROR**********/
        num\=10;
    }while(num);
    /**********ERROR**********/
    printf("\n%d\n",num);
}
```

5. 找出一个大于给定整数 m 的最小的素数。

```
#include <conio.h>
#include <stdio.h>
void main()
{   int m;
    /**********ERROR**********/
    int i;k;
    printf("\n please enter m:");
    scanf("%d",&m);
    for(i=m+1;;i++)
    {   for(k=2;k<i;k++)
        /**********ERROR**********/
        if(i%k!=0)
            break;
        /**********ERROR**********/
        if(k=i)
            {   printf("%d\n",i);
    } break;
}
```

6. 求 1~10 的阶乘的和。

```
#include <stdio.h>
void main()
{   int n,i;
    /**********ERROR**********/
    int y,s=0;
    /**********ERROR**********/
    for(i=1;i<10;i++)
    {   y=1;
        for(n=1;n<=i;n++)
            /**********ERROR**********/
            y=y*i;
            s=s+y;
    }
    printf("%f\n",s);
}
```

7. 从键盘输入一个数，是 3 位数就加上 100，是 1 位数就除以 100，其他情况不变。

```
#include <stdio.h>
void main()
```

```
{   int x;
    /**********ERROR**********/
    int k,d;
    scanf("%d",&x);
    d=x;
    /**********ERROR**********/
    while(x=0)
    {
        k++;
        /**********ERROR**********/
        d=x/10
    }
    /**********ERROR**********/
    if(k==3)d=+100;
    if(k==1)d=d/100;
    printf("%d",d);
}
```

8. 输入 10 个数，要求输出这 10 个数的平均数。

```
#include <stdio.h>
void main()
{
    /**********ERROR**********/
    int score[10],aver,sum=0;
    int i;
    printf("input 10 scores:\n");
    for(i=0;i<10;i++)
    /**********ERROR**********/
    scanf("%f",score);
    printf("\n");
    /**********ERROR**********/
    for(i=0;i<=10;i++)
    sum=sum+score[i];
    aver=sum/10.0;
    printf("average score is %5.2f",aver);
}
```

六、程序设计题

1. 编写程序，求两个整数的最大公约数。

2. 把输入的整数（最多不超过 5 位）按输入顺序的反方向输出。例如，输入数是 12345，要求输出结果是 54321。编程实现此功能。

3. 中国古代数学家张丘建提出的“百鸡问题”：一只公鸡值五个钱，一只母鸡值三个钱，三个小鸡值一个钱。现在有 100 个钱，要买 100 只鸡，是否可以？若可以，给出一个解，要求三种鸡都有。写出求解该问题的程序。

4. 求 100 ~ 200 间的全部素数。

5. 整元换零钱问题。把 1 元兑换成 1 分、2 分、5 分的硬币，共有多少种不同换法？编写求解此问题的程序。

6. 有一分数序列：2/1，3/2，5/3，8/5，13/8，21/13，…，编写程序求这个数列的前 20 项之和。

7. 编写程序，利用公式 e=1+1/1!+1/2!+1/3!+…+1/n! 求出 e 的近似值，其中 n 的值由用户输入（用于控制精确度）。

8. 一个数如果恰好等于它的因子之和（除自身外），则称该数为完全数，例如，6=1+2+ 3，6 就是完全数。编写程序，求出 1 000 以内的整数中的所有完全数。其中 1 000 由用户输入。

9. 编写程序，将 2000 年到 3000 年中的所有闰年年份输出并统计出闰年的总年数，要求每 10 个闰年放在一行输出。

10. 编写程序，将所有“水仙花数”打印出来，并打印出其总数。“水仙花数”是一个其各位数的立方和等于该整数的三位数。

11. 一个球从 100 m 高度自由落下，每次落地后又反弹回原来高度的一半，再落下，求它在第 10 次落地时共经过多少米？第 10 次反弹多高？编写程序求解该问题。

12. 若有如下公式：

$$\frac{\pi^2}{6} \approx \frac{1}{1^2}+\frac{1}{2^2}+\frac{1}{3^2}+\cdots+\frac{1}{n^2}$$

试根据上述公式编程计算 π 的近似值（精确到 10^{-6}）。

第6章

应用数组设计程序实现批量数据处理

数组是C语言提供的一种常用的构造型数据类型。数组是由具有固定数目的相同类型的元素按一定顺序排列构成的，它的每一个元素由数组名和下标直接访问。C语言的数组类型有两个特点：一是数组元素的个数必须是确定的，不允许变动，但元素值是可变的；二是数组元素的类型必须相同，不允许是混合的。本章介绍各种数组的用法，包括一维数组的应用、二维数组的应用及字符串与字符数组应用等。通过对上述问题的训练，使读者能够掌握数组，为今后的程序设计打下基础。

实训目标

通过本章训练，你将能够：

☑ 理解数组的概念。

☑ 掌握一维、二维、字符数组的初始化和输入/输出的方法。

☑ 掌握利用一维、二维、字符数组解决问题的方法。

知识要点

1. 数组的引入

具有相同数据类型的数据的有序集合称为数组。

数组元素：数组中的每一个数组元素具有相同的名称，用不同的下标区分，可以作为单个变量使用，所以也称为下标变量。

数组下标：是数组元素的位置的一个索引或指示。

数组维数：数组元素下标的个数。

2. 一维数组及应用

格式：

```
类型  标识符 [ 长度 ]
```

引用：

```
数组名 [ 下标 ]
```

下标从 0 到长度 -1。

数组长度必须是整型量，不能不定义长度，也不能做动态定义。

3. 二维数组及应用

格式：

```
类型  标识符 [ 长度 1] [ 长度 2]
```

引用：

```
数组名 [ 下标 1] [ 下标 2]
```

下标 1 从 0 到长度 -1；下标 2 从 0 到长度 -1。

4. 字符数组及应用

字符数组：存放字符型数据的数组。其中每个数组元素存放的值都是单个字符。

字符数组也是数组，只是数组元素的类型为字符型。所以通常字符数组的定义、初始化，字符数组元素的引用与一般的数组类似。

5. 字符串处理函数

（1）puts(字符数组)

将以 '\0' 结束的字符序列输出到终端，使用 puts( ) 函数输出的字符串中可以包含转义字符。

（2）gets(字符数组)

从终端输入一个字符串到字符数组，并且得到一个函数值，该函数值是字符数组的起始地址。

（3）strcat(字符数组 1, 字符数组 2)

连接两个字符数组中的字符串，把字符串 2 接到字符串 1 的后面，结果放到字符数组 1 中，函数调用后得到一个函数值——字符数组 1 的地址。

说明：

①字符数组 1 必须足够大，以便容纳连接后的新字符串。

②连接时，自动取消数组 1 后的 '\0'，只在新串最后保留一个 '\0'。

（4）strcpy(字符数组 1, 字符数组 2)

把字符数组 2 复制到字符数组 1 中去，返回字符数组 1。

说明：

①字符数组 1 必须足够大，以确保复制字符串后不超界。

②字符数组 2 可以是字符数组名、字符串常量或指向字符串的字符指针（地址）。

（5）strcmp(字符串 1, 字符串 2)

作用：比较字符串 1 和字符串 2。

方法：对两个字符串自左至右逐个相比，直到出现不同的字符或遇到 '\0' 为止，如全部字符相同，则认为相等；若出现不相同的字符，则以第一个不相同的字符的比较结果为准，比较的结果由函数值带回。

字符串 1= 字符串 2，函数值为 0;

字符串 1 >字符串 2，函数值为一正整数;

字符串 1 <字符串 2，函数值为一负整。

（6）strlen(字符数组)

strlen( ) 是测试字符串长度的函数，函数的值为字符串中的实际长度，不包括 '\0' 在内。

思想启蒙

物以类聚，人以群分；近朱者赤，近墨者黑。

实 例 解 析

一、一维数组的应用

1. 一维数组的定义与引用

【实例 6.1】从键盘上任意输入五个整数，按顺序输出。

解：

```
#include <stdio.h>
void main()                              /* 主函数 */
{
   int a[5],i;                           /* 定义一个整型数组 a，含有 5 个元素 */
   for(i=0;i<=4;i++)
      scanf("%d",&a[i]);                 /* 输入数组中第 i+1 个元素值 */
   for(i=0;i<=4;i++)
      printf("%d",a[i]);                 /* 输出数组中第 i+1 个元素值 */
}
```

本程序运行结果为：

```
1 2 3 4 5 <回车>
1 2 3 4 5
```

解析：

定义数组时，中括号里的“常量表达式”可以是常量和符号常量，不包含变量。下标是从 0 开始的，如本题有 5 个元素 a[0]、a[1]、a[2]、a[3]、a[4]，不存在 a[5]。数组元素在使用时应逐个引用，而不能一次引用整个数组（字符数组除外）。

2. 一维数组的应用

【实例 6.2】用起泡法对 10 个整数降序排序。

解：

```
#include <stdio.h>
void main()
{
```

```
    int i,j,m,a[11];
    for(i=1;i<=10;i++)
      scanf("%d",&a[i]);                   /* 输入 10 个整数 */
    for(i=1;i<=9;i++)
      for(j=1;j<=10-i;j++)
        if(a[j]<a[j+1])                    /* 若是前者比后者小，则交换 */
        {
          m=a[j];
          a[j]=a[j+1];
          a[j+1]=m;
        }
    for(i=1;i<=10;i++)
      printf("%d",a[i]);                   /* 从大到小输出这 10 个整数 */
}
```

本程序运行结果为：

```
1 0 2 3 9 4 8 5 6 7 <回车>
9 8 7 6 5 4 3 2 1 0
```

解析：

应用起泡法时，关键是找到比较次数的规律，如果有 n 个数，则要进行 n-1 轮比较。在第一轮比较中要进行 n-1 次两两比较，在第 i 轮比较中要进行 n-i 次两两比较。

【实例 6.3】用筛选法求 100 之内的素数。

解：

```
#define SIZE 100
#include "stdio.h"
void main()
{
    int a[SIZE+1],i,j;
    for(i=2;i<=100;i++)                          /* 使数组的元素 a[i] 的值为 i*/
      a[i]=i;
    for(i=2;i<=100;i++)
      for(j=i+1;j<=100;j++)
        if(a[i]!=0 && a[j]%a[i]==0)              /* 分别用 2，3，4，…，100 作为除数 */
          a[j]=0;                                /* 把该除数的倍数置为 0*/
      printf("\n");
        j=0;
      for(i=2;i<=100;i++)
      {
        if(a[i]!=0)
        {
          printf("%4d",a[i]);
          j++;
        }
        if(j==10)
        {
          j=0;                                   /* 该行已经显示了 10 个元素 */
          printf("\n");
        }
      }
    }
```

```
}
```

本程序运行结果为：

```
 2      3     5     7     11    13    17    19    23    29
31     37    41    43     47    53    59    61    67    71
73     79    83    89     97
```

解析：

本题是判断 100 之内的每个数，找出非素数则把它去除，最后剩下的将全是素数。1 不是素数，从 2 开始。判断每一个数组元素，把非素数都置为 0，输出时只要判断是否为 0，非 0 的数即为素数。

二、二维数组的应用

1. 二维数组的定义与引用

【实例 6.4】有一个 3×3 矩阵，试编程用二维数组表示并输出该矩阵。

解：

```
#include <stdio.h>
void main()
{
    int i,j;
    int a[3][3]={1,2,3,4,5,6,7,8,9};          /* 对二维数组初始化 */
    for(i=0;i<3;i++)
    {
        for(j=0;j<3;j++)
            printf("%3d",a[i][j]);            /* 输出二维数组 */
        printf("\n");                         /* 控制输出格式与我们熟知的矩阵相同 */
    }
}
```

本程序运行结果为：

```
1      2     3
4      5     6
7      8     9
```

解析：

定义的结构为“数据类型数组名 [常量表达式] [常量表达式]”，其中常量表达式为数组中每行和每列元素的个数。下标（无论是行还是列）是从 0 开始的，此例中下标不存在 3。定义数组时若对数组元素赋以初值，可以将全部元素放入数组中。若提供全部初始数据，则定义数组时对第一维的长度可以不指定，但第二维长度不能省略。

2. 二维数组的应用

【实例 6.5】有一个 3×3 二维数组，试编程求周边元素及对角线元素之和，并输出该数组中值最小的元素。

解：

```
#include <stdio.h>
void main()
{
    int a[3][3],i,j,sum=0,min;
    for(i=0;i<3;i++)
        for(j=0;j<3;j++)
            scanf("%d",&a[i][j]);                        /* 输入 9 个元素 */
    min=a[0][0];
    for(i=0;i<3;i++)
        for(j=0;j<3;j++)
        {
            if(i==0||i==2)sum=sum+a[i][j];
            else if(j==0||j==2) sum=sum+a[i][j];        /* 求出周边元素之和 */
            else if(i==j)sum=sum+a[i][j];
            else if(i+j==2)sum=sum+a[i][j];             /* 再次加上对角线上的元素 */
            if(min>a[i][j])min=a[i][j];                 /* 求最小元素 */
        }
    printf("sum=%d,min=%d",sum,min);
}
```

本程序运行结果为：

```
1 2 3 4 5 6 7 8 9 <回车>
sum=45, min=1
```

解析：

本题用到了 if…else 语句，若是没用此语句千万别忘记把相加的重叠元素值去掉，开始时假设第一个元素值最小，随后逐一比较，若碰到更小的，则重新赋给 min。

三、字符数组的应用

1. 字符数组的定义与引用

【实例 6.6】将“He is a student”存储到 ch 数组中。

解：

```
#include <stdio.h>
void main()
{
    char ch[15];
    int i;
    ch[0]='H';ch[1]='e';ch[2]=' ';ch[3]='i';ch[4]='s';ch[5]=' ';
    ch[6]='a';ch[7]=' ';ch[8]='s';ch[9]='t';ch[10]='u';ch[11]='d';
    ch[12]='e';ch[13]='n';ch[14]='t';
    for(i=0;i<15;i++)
        printf("%c",ch[i]);
}
```

本程序运行结果为：

```
He is a student
```

解析：

用整型数值来存放字符型数据，浪费存储空间。格式符是“%c”。下标取值不能超出数组规定的使用范围，且其下标是从 0 开始的。在程序中往往依靠检测 '\0' 的位置来判定字符串是否结束，而不是根据数组的长度来决定字符串长度。

【实例 6.7】已知数组 A 存放了字符串“The Dragon rises in the East,”，数组 B 存放了字符串“China rises in the East!”，利用字符串函数 strcat 把 B 中字符串接到 A 的后面并输出。

解：

```
#include "stdio.h"
#include "string.h"
int main()
{
   char A[]="The Dragon rises in the East,",B[]="China rises in the East!";
   strcat(A,B);
   puts(A);
   return 0;
}
```

本程序运行结果为：

```
The Dragon rises in the East,China rises in the East!
```

相关知识

1. 字符串处理函数

① puts(字符数组)，其作用是将一个字符串（以 '\0' 结束的字符序列）输出到终端。gets(字符数组)，其作用是从终端输入一个字符串到字符数组，并得到一个函数值。

② strcat(字符数组 1, 字符数组 2)，其作用是连接两个字符数组中的字符串，把字符串 2 接到 1 的后面。

③ strcpy(字符数组 1, 字符串 2)，其作用是将字符串 2 复制到字符数组 1 中。

④ strcmp(字符串 1, 字符串 2)，其作用是对两个字符串比较，规则与其他语言规则相同，即对两个字符串自左至右逐个字符相比(按ASCII 值大小比较)，直到出现不同的字符或遇到 '\0' 为止。

视 频

实例6.8

⑤ strlen(字符数组)，其作用是测试字符串长度的函数；strlwr(字符串)，其作用是将字符串中大写字母换成小写字母；strupr(字符串)，其作用是将字符串中的小写字母换成大写字母。

2. 字符数组的应用

【实例 6.8】编程：输入一行字符，统计其中有多少个单词，单词之间用空格分隔。

解：

```
#include "stdio.h"                          /* 头文件 */
void main()                                 /* 主函数 */
{
   int i,j=0,m=0;                           /* 定义变量 i,j,m*/
```

```
    char ch[50],c;                          /* 定义字符型数组 ch 和字符变量 c*/
    printf("input a string:");
    gets(ch);
    for(i=0;(c=ch[i])!='\0';i++)            /* 查找并统计单词 */
    {
       if(c==' ')
          m=0;
       else if(m==0)
          { j=j+1;m=1;}
    }
    printf("the string %s:",ch);            /* 输出结果 */
    printf("has %d words.\n",j);
}
```

本程序运行结果为：

```
input a string:I am student.<回车>
the string I am student. has 3 words.
```

解析：

单词的数目可以由空格出现的次数决定（连续的若干空格作为出现一次空格；一行开头的空格不统计在内）。如果测出某一个字符为非空格，而它前面的字符是空格，则表示“新单词开始了”，j 应累加 1，如果当前字符为非空格而其前面的字符也是非空格，则意味着仍然是原来那个单词的继续，前面是否为空格可以从 m 值来判断，0 即为空格。

【实例 6.9】编写程序输入两个字符串，将第二个字符串连接在第一个字符串的后面，构成一个新字符串。要求：不能调用 strcat( ) 函数。

解：

```
#define SIZE 80
#include "stdio.h"                          /* 头文件 */
void main()                                 /* 主函数 */
{
    int i,j;                                /* 定义变量 i,j*/
    char str1[SIZE+SIZE],str2[SIZE];
    puts("Please enter 2 string:");
    scanf("%s",str1);                       /* 输入字符串 1*/
    scanf("%s",str2);                       /* 输入字符串 2*/
    i=0;
    while(str1[i]!='\0')
       i++;
    j=0;
    while(str2[j]!='\0')
    {
       str1[i]=str2[j];                     /* 将字符串 2 接到字符串 1 的后面 */
       i++;
       j++;
    }
    str1[i]='\0';
    printf("%s\n",str1);                    /* 输出改变后的字符串 */
}
```

本程序运行结果为：

```
Please enter 2 string:
Welcome you<CR>
Welcomeyou
```

解析：

本题通过查找字符 '\0' 来计算出每个字符串的长度，通过对数组下标的控制，使字符串 2 赋值到字符串 1 的后面。

小　结

在这一章，我们学习了数组的定义和使用，这样不会再像以前那样用单一的变量存储数据，使得输入 / 输出等操作变得十分简单、方便。在使用数组时，下标越界虽然编译器不指示错误，但运行时会出现错误，要小心使用，记住其下标是从 0 开始的。

实 战 训 练

一、选择题

1. 若有定义 int a[4]={5,3,8,9};，则其中 a[3] 的值为（　　）。

   A. 5　　B. 3　　C. 8　　D. 9

2. 合法的数组定义是（　　）。

   A. char a[ ]= "string " ;　　B. int a[5] ={0,1,2,3,4,5};

   C. char a= "string " ;　　D. char a[ ]={0,1,2,3,4,5};

3. 对以下说明语句的正确理解是（　　）。

```
int a[10]={6,7,8,9,10};
```

   A. 将 5 个初值依次赋给 a[1] ~ a[5

   B. 将 5 个初值依次赋给 a[0] ~ a[4]

   C. 将 5 个初值依次赋给 a[6] ~ a[10]

   D. 因为数组长度与初值的个数不相同，所以此语句不正确

4. 下面有关 C 语言字符数组的描述中，错误的是（　　）。

   A. 不可以用赋值语句给字符数组名赋字符串

   B. 可以用输入语句把字符串整体输入给字符数组

   C. 字符数组中的内容不一定是字符串

   D. 字符数组只能存放字符串

5. C 语言中，若有定义 char a[ ]="Hello"，则数组 a 占用的空间是（　　）。

   A. 4 个字节　　B. 5 个字节　　C. 6 个字节　　D. 7 个字节

6. 以下能对一维数组 a 进行正确初始化的语句是（　　）。

A. int a[10]=(0,0,0,0,0);　　B. int a[10]={ };

C. int a[10]={0};　　D. int a[10]=0;

7. 若有定义语句 int a[3][6];，按在内存中的存放顺序，a 数组的第 10 个元素是（　　）。

A. a[0][4]　　B. a[1][3]

C. a[0][3]　　D. a[1][4]

8. 下列二维数组初始化语句中，正确且与语句 float a[][3]={0,3,8,0,9}; 等价的是（　　）。

A. float a[2][]={{0,3,8},{0,9}};　　B. float a[][3]={0,3,8,0,9,0};

C. float a[][3]={{0,3},{8,0},{9,0}};　　D. float a[2][]={{0,3,8},{0,9,0}};

9. 下面程序的输出结果是（　　）。

```
#include <stdio.h>
void main()
{   int i;
    int a[3][3]={1,2,3,4,5,6,7,8,9};
    for(i=0;i<3;i++)
       printf("%d ",a[2-i][i]);
}
```

A. 1 5 9　　B. 7 5 3　　C. 3 5 7　　D. 5 9 1

10. 以下不能对二维数组 a 进行正确初始化的语句是（　　）。

A. int a[2][3]={0};　　B. int a[][3]={{1,2},{0}};

C. int a[2][3]={{1,2},{3,4},{5,6}};　　D. int a[][3]={1,2,3,4,5,6};

11. 有以下程序：

```
#include <stdio.h>
void main()
{   int a[4][4]={{1,4,3,2},{8,6,5,7},{3,7,2,5},{4,8,6,1}},i,k,t;
    for(i=0;i<3;i++)
       for(k=i+1;k<4;k++)
          if(a[i][i]<a[k][k]){t=a[i][i];a[i][i]=a[k][k];a[k][k]=t;}
    for(i=0;i<4;i++)printf("%d,",a[0][i]);
}
```

程序运行后的输出结果是（　　）。

A. 6,2,1,1,　　B. 6,4,3,2,　　C. 1,1,2,6,　　D. 2,3,4,6,

12. 以下数组定义中不正确的是（　　）。

A. int a[2][3];　　B. int b[][3]={0,1,2,3,4,5};

C. int c[100][100]={0};　　D. int d[3][]={{1,2},{1,2,3},{1,2,3,4}};

13. 若有：

```
int a[3][3]={{1},{2},{3}};
```

则 a[0][1] 的值为（　　）。

A. 0　　B. 1　　C. 2　　D. 3

14. 以下定义整型 3 行 4 列的二维数组 a 并初始化不正确的是（　　）。
   A. int a[3][4]={0};
   B. int a[][4]={0,1,2,3,4,5,6,7,8,9,10,11,12};
   C. int a[3][]={0,1,2,3,4,5,6,7,8,9,10,11,12};
   D. int a[3][4]={{1,2},{1,2,3},{1,2,3,4}};
15. 若有说明 :int a[2][4];，则对 a 数组元素的正确引用是（　　）。
   A. a[1][3]　　B. a[1,3]　　C. a[1+1][0]　　D. a(2)(1)
16. 若有定义语句 int a[3][6];，按在内存中的存放顺序，a 数组的第 10 个元素是（　　）。
   A. a[0][4]　　B. a[1][3]　　C. a[0][3]　　D. a[1][4]
17. 下列数组中定义不正确的是（　　）。
   A. int a[2][3];　　B. int b[][3]={0,1,2,3};
   C. int c[100][100]={0};　　D. int d[3][]={{1,2},{1,2,3},{1,2,3,4}};
18. 定义如下变量和数组:

```
int i;
int x[3][3]={1,2,3,4,5,6,7,8,9};
```

则下面语句的输出结果是（　　）。

```
for(i=0;i<3;i++)printf("%d",x[i][2-i]);
```

   A. 1 5 9　　B. 1 4 7　　C. 3 5 7　　D. 3 6 9

二、判断题

1. 在 C 语言中，数组元素的下标是整型常量或整型变量，并且下标默认从 1 开始。（　　）
2. 数组元素的值可以使用赋值语句或输入函数进行赋值，但占用运行时间。（　　）
3. 在对一维数组初始化时，数组的长度可以省略，系统会自动按初值的个数分配存储空间。（　　）
4. 在初始化数组时，若指明了数组的长度，而提供的常量个数小于数组的长度，则只给相应的数组元素赋值，其余无值。（　　）
5. 在初始化数组时，若数组长度小于初值的个数，则会产生编译错误。（　　）
6. 所谓数组就是指具有相同数据类型的变量集合，并拥有共同的名字。（　　）
7. 如果对数组不赋初值，则数组元素取随机值。（　　）
8. 对一个数组 a，a 与 &a[0] 都表示数组中首元素的存储地址，这个地址称为数组的首地址。（　　）
9. 数组第 1 个（下标为 0）元素的地址就是数组的首地址。（　　）
10. 数组名的规定与变量名不相同。（　　）
11. 若有以下的数组定义: char x[]="12", y[]={'1','2'};，则 x 数组和 y 数组长度相同。（　　）
12. 程序段: if(strl>str2) printf("%s",strl);else printf("%s",str2); 表示输出较大字符串。（　　）
13. C 语言中可以用字符串常量来初始化字符数组。（　　）
14. 字符数组只能定义和初始化为一个一维数组而不能定义和初始化为一个多维数组。（　　）
15. 一维数组和二维数组在内存中的存储结构都是线性的。（　　）

16. 一个字符串的长度就是存储该字符串的字符数组所占用的存储空间。（　　）

17. 在进行字符串的大小比较时，大写字母大于小写字母。（　　）

18. 在使用函数 strlen( ) 计算一个字符串的长度时，不计算空格符的个数，但要计算 '\0' 的个数。（　　）

19. C 语言中，函数 strcmp("A","B") 的执行结果为正整数。（　　）

20. 当数组被说明为静态（static）类别时，无论是否显示给出初值，数组元素都将有确定的值。（　　）

21. 二维数组在内存中存储是以列为主序方式存放，即在内存中先存放第一列的元素，再存放第二列的元素。（　　）

22. 定义二维数组时，若对全部元素都赋初值，则第一维的长度不能省，但第二维的长度可以不指定。（　　）

三、填空题

1. 数组初始化是在________阶段进行的。这样将减少运行时间，提高效率。

2. 同一数组中的所有元素，按其________的顺序占用一段连续的存储单元。

3. 不能用赋值运算符“=”将一个字符串直接赋值给一个字符数组，只能用________函数来处理。

4. C 语言中，数组元素的下标下限为________。

5. 不能使用关系运算符“==”来比较两个字符串，只能用函数________来处理。

6. 若有数组定义 int a[10]={9, 4, 12, 8, 2, 10, 7, 5, 1, 3}；该数组的元素中，数值最小的元素的下标值是________。

7. strlen( ) 函数的功能是求字符串的实际长度，即不包含________字符的长度。

8. 表达式 strlen("MALIN\tMAN") 的值等于________。

9. 下面程序段的输出结果为________。

```
char s1[30]="SHANGHAI",s2[30]="JINAN";
printf("%d",strcmp(strcpy(s1,s2),s2));
```

10. 若 a 由下面的语句定义，则 a[2] 包含________个 int 型变量。

```
int a[5][8],i,j;
```

四、程序填空题

1. 以下程序的功能是输入字符串，再输入一个字符，将字符串中与输入字符相同的字符删除。

```
#include "stdio.h"
void main()
{  int i,j;
   char a[20],cc;
   /***********FILL***********/
   _________;
   cc=getchar();
   /***********FILL***********/
   for(i=j=0;_________;i++)
```

```
    if(a[i]!=cc)a[j++]=a[i];
  /***********FILL***********/
  ________;
  puts(a);
}
```

2. 求有 5 个元素的一维数组的平均值。

```
#include "stdio.h"
void main()
{  int i;
   float a[5],av,s;
   printf("\ninput 5 scores:\n");
   /***********FILL***********/
   for(________;i<5;i++)
      scanf("%f",&a[i]);
   /***********FILL***********/
   s=________;
   for(i=1;i<5;i++)
      /***********FILL***********/
      s+=________;
   av=s/5;
   printf("average score is %5.2f\n",av);
}
```

3. 输入字符串求一个字符串的长度。

```
#include "stdio.h"
void main()
{  int n=0;
   int len;
   char str[20];
   printf("please input a string:\n");
   /***********FILL***********/
   scanf("%s",________);
   /***********FILL***********/
   while(________)
   {  n++;
   }
   /***********FILL***********/
   len=________;
   printf("the string has %d characters",len);
}
```

4. 以下程序的功能：将 s 所指字符串的正序和反序进行连接，形成一个新的串放在 t 所指的数组中。例如，当 s 串为“ABCD”时，则 t 串的内容应为“ABCDDCBA”。

```
#include <string.h>
#include <stdio.h>
void main()
{  char s[20],char t[40];
   int i,d;
```

```
    gets(s);
    /***********FILL***********/
    for (d=i=0;s[i]!='\0';________,d++) t[i]=s[i];
    /***********FILL***********/
    for (i=0;i<d;i++)________=s[d-1-i];
       /***********FILL***********/
       ________='\0';
    puts(t);
}
```

5. 以下程序的功能是输入 10 个整数，然后对其用选择法进行由小到大的排序。

```
#include "stdio.h"
void main()
{
    /***********FILL***********/
    ________;
    int i,j,k;
    int a[10];
    for(i=0;i<10;i++)
       scanf("%d",&a[i]);
    for(i=0;i<9;i++)
    {
    /***********FILL***********/
    ________;
    for(j=i+1;j<10;j++)
       /***********FILL***********/
       if(________)k=j;
       if(k!=i){t=a[k];a[k]=a[i];a[i]=t;}
    }
    /***********FILL***********/
    for(________)
       printf("%5d",a[i]);
       printf("\n");
}
```

6. 以下程序的功能是产生并输出杨辉三角的前 7 行。

```
1
1   1
1   2   1
1   3   3   1
1   4   6   4   1
1   5   10  10  5   1
1   6   15  20  15  6   1
```

```
#include "stdio.h"
void main()
{  int a[7][7];
   int i,j,k;
   for(i=0;i<7;i++)
```

```
      /***********FILL***********/
      {a[i][0]=1;________;}
   for(i=1;i<7;i++)
      for(j=1;j<i;j++)
         /***********FILL***********/
         a[i][j]=________;
   for(i=0;i<7;i++)
      /***********FILL***********/
      {  for(j=0;________;j++)
         printf("%5d",a[i][j]);
         printf("\n");}
}
```

7. 将两个字符串连接为一个字符串，不许使用库函数 strcat( )。

```
#include "stdio.h"
#include "string.h"
void main()
{  char str1[80],str2[40];
   int i,j,k;
   gets(str1);
   gets(str2);
   puts(str1);
   puts(str2);
   /***********FILL***********/
   j=________;
   /***********FILL***********/
   for(i=0;________;i++)
      /***********FILL***********/
      ________=str2[i];
   /***********FILL***********/
   str1[i+j]=________;
   puts(str1);
}
```

8. 产生并输出如下形式的方阵。

```
2  2  2  2  2  1
1  2  2  2  1  4
3  1  2  1  4  4
3  3  1  4  4  4
3  1  5  1  4  4
1  5  5  5  1  4
5  5  5  5  5  1
```

```
#include "stdio.h"
void main()
{  int a[7][7];
   int i,j;
   for(i=0;i<7;i++)
      for(j=0;j<7;j++)
```

```
    {
       /***********FILL***********/
       if(_________)a[i][j]=1;
       /***********FILL***********/
       else if (i<j&&i+j<6)_________;
       else if(i>j&&i+j<6)a[i][j]=3;
       /***********FILL***********/
       else if(_________)a[i][j]=4;
       else a[i][j]=5;
    }
    for(i=0;i<7;i++)
    {  for (j=0;j<7;j++)
          printf("%4d",a[i][j]);
       /***********FILL***********/
       _________;
    }
}
```

五、程序改错题

1. 下面程序的功能是：从键盘输入 10 个学生的成绩，统计最高分、最低分和平均分。max 代表最高分，min 代表最低分，avg 代表平均分。

```
#include "stdio.h"
void main()
{  int i;
   /**********ERROR**********/
   float a[8],min,max,avg;
   printf("input 10 score:");
   for(i=0;i<=9;i++)
   {  printf("input a score of student:");
      /**********ERROR**********/
      scanf("%f",a);
   }
   /**********ERROR**********/
   max=min=avg=a[1];
   for(i=1;i<=9;i++)
   {
      /**********ERROR**********/
      if(min<a[i])
         min=a[i];
      if(max<a[i])
         max=a[i];
      avg=avg+a[i];
   }
   avg=avg/10;
      printf("max:%f\nmin:%f\navg:%f\n",max,min,avg);
}
```

2. 实现 3 行 3 列矩阵的转置，即行列互换。

例如，原矩阵为

1　　2　　3

4　　5　　6

7　　8　　9

则转置后的矩阵为

1　　4　　7

2　　5　　8

3　　6　　9

程序如下:

```
#include "stdio.h"
void main()
{  int a[3][3],n=3;
   int i,j,t;
   for(i=0;i<n;i++)
      for(j=0;j<n;j++)
         /**********ERROR**********/
         scanf("%d",a[i][j]);
         for(i=0;i<n;i++)
            /**********ERROR**********/
            for(j=0;j<n;j++)
            {
               /**********ERROR**********/
               a[i][j]=t;
               a[i][j]=a[j][i];
               /**********ERROR**********/
               t=a[j][i];
            }
            for(i=0;i<n;i++)
               for(j=0;j<n;j++)
               {  printf("%d",a[i][j]);
                  printf("\n");}
}
```

3. 将数组元素逆顺序存放。如数组元素为 1，2，3，4，5，则逆序存放后数组元素的值为 5，4，3，2，1。

```
#include "stdio.h"
void main()
{  int x[5],n=5;
   int i,t,m;
   for(i=0;i<n;i++)
   scanf("%d",&x[i]);
   m=(n-1)/2;
   /**********ERROR**********/
   for(i=0;i<m;i++)
   {  t=x[i];
      /**********ERROR**********/
      x[n-i-1]=x[i];
      x[n-i-1]=t;
      for(i=0;i<n;i++)
         /**********ERROR**********/
```

```
        printf("%3f",a[i]);
    }
}
```

4. 有一数组内放10个整数，要求找出最小数和它的下标，然后把它和数组中最前面的元素即第一个数对换位置。

```
#include "stdio.h"
void main()
{   int i,a[10],min,k=0;
    printf("\n please input array 10 elements\n");
    for(i=0;i<10;i++)
        /**********ERROR**********/
        scanf("%d",a[i]);
    for(i=0;i<10;i++)
        printf("%d",a[i]);
    min=a[0];
    /**********ERROR**********/
    for(i=3;i<10;i++)
    /**********ERROR**********/
    if(a[i]>min)
    {   min=a[i];k=i;}
    /**********ERROR**********/
    a[k]=a[i];
    a[0]=min;
    printf("\n after exchange:\n");
    for(i=0;i<10;i++)printf("%d",a[i]);
    printf("\nk=%d,min=%d\n",k,min);
}
```

5. 下面程序的功能是将十进制数转换成二进制数。

```
#include "stdio.h"
#include "string.h"
void main()
{   char p[100];
    int j,i=0,b;
    printf("input a integer:\n");
    /**********ERROR**********/
    scanf("%d",b);
    /**********ERROR**********/
        while(b==0)
        {   j=b%2;
            p[i++]=j+'0';
            /**********ERROR**********/
        b=/2;
        }
    p[i]='\0';
    /**********ERROR**********/
    for(i=strlen(p);i>=0;i--)
        printf("%c",p[i]);
    printf("\n");
}
```

6. 输入 10 个数，要求输出这 10 个数的平均数。

```
#include "stdio.h"
void main()
{
   /**********ERROR**********/
   int score[10],aver,sum=0;
   int i;
   printf("input 10 scores:\n");
   for(i=0;i<10;i++)
      /**********ERROR**********/
      scanf("%f",score);
      printf("\n");
         /**********ERROR**********/
      for(i=0;i<=10;i++)
         sum =sum+score[i];
   aver=sum/10.0;
   printf("average score is %5.2f",aver);
}
```

六、程序设计题

1. 用起泡法对 10 个数排序。

2. 编写程序，从键盘输入 10 个整数并保存到数组，求出该 10 个整数的最大值、最小值及平均值。

3. 求 Fibonacci 数列中前 20 个数。Fibonacci 数列的前两个数为 1，1，以后每一个数都是前两个数之和。Fibonacci 数列的前 n 个数为 1，1，2，3，5，8，13，…，用数组存放数列的前 20 个数，并输出（按一行 5 个输出）。

4. 有一个 5 × 5 二维数组，试编程求周边元素及对角线元素之和，并输出该数组值最小的元素。

第7章 应用函数设计程序实现模块化设计

C程序是由函数组成的。函数是C语言中的重要概念，也是程序设计的重要手段。使用函数不仅可以提高程序设计的效率，缩短程序代码，还可以节省相同程序段的重复编写、输入和编译，更重要的是便于将大型程序合理地分成若干模块，每一模块完成相对独立的易于处理的功能。本章将全面讨论函数的特性及其使用方法，包括函数的调用与参数传递、函数的嵌套与递归、变量作用域与存储类别等。通过对上述问题的训练，使读者对函数有一个比较全面的认识，为结构化程序设计打下基础。

实训目标

通过本章训练，你将能够：

☑ 定义函数。

☑ 正确调用函数。

☑ 实现函数的嵌套与递归。

☑ 了解变量作用域与存储类别。

知识要点

1. 函数

一个C程序可以由若干个源文件组成。

一个源文件可以由若干个函数组成。

在组成C程序的所有函数中，有且只有一个主函数main( )，主函数可以位于程序的位置任意(在哪个源文件中都可以)，但程序的运行从主函数开始。

组成C程序的各个函数彼此平行，独立定义，可以嵌套调用。

2. 函数的定义与调用

(1) 函数的定义

格式：

```
类型  标识符（形参类型  形参名，[ 形参类型  形参名 ,…] ）
{   说明部分
    执行语句
}
```

定义函数时，括号内的参数表中的参数为形参。

调用函数时，括号内的参数为实参。

编译时，系统不为形参分配存储空间；函数调用时，临时分配存储空间；调用结束，存储空间释放。

实参在主调函数内部定义，可以是常量、变量或表达式，但必须有值，调用被调函数时，将其值传给形参。

实参与形参是单向的“值”传递（实—形）, 类型应相同或赋值相容。

主调函数使用被调函数时，通常得到一个结果（一个值），称为函数的返回值。函数的返回值是通过返回语句 return 获得的。

（2）函数调用

格式:

无参函数:

```
函数名 ()
```

有参函数:

```
函数名（实参表）
```

函数说明格式:

```
类型  函数名（参数表）
```

3. 函数的嵌套调用与递归调用

（1）嵌套调用

被调函数在调用过程中，调用其他函数称为函数的嵌套调用。

函数可以嵌套调用，不允许嵌套定义。

（2）递归调用

函数在调用另一个函数的过程中直接或间接地调用该函数自身，前者称为直接递归调用，后者称为间接递归调用。

4. 局部变量与全局变量

（1）局部变量

在功能函数（或复合语句）内定义。

在定义它的函数（或复合语句）内有效。

只有当函数被调用时，才有值，函数调用结束，值不被保留。

不同函数中的局部变量可以重名。

（2）全局变量

程序的编译单位是源文件（*.c），一个源文件可以包含一个或若干个函数，函数内定义的变量是局部变量，函数外定义的变量就是全局变量（外部变量），可为文件内所有函数所共享。

有效范围：从定义开始到本文件结束。

全局变量的初始化只能有一次，是在定义时进行。所有的函数都可以访问全局变量，变量值在一个函数内发生变化，会影响到其他函数——值保留。

如在定义之前使用某全局变量，需用 extern 说明。

同一个源文件中，局部变量与全局变量同名，在局部变量起作用的范围内，全局变量不起作用。

增加合作、取长补短。

实 例 解 析

一、函数的调用与参数传递

【实例 7.1】display( ) 函数的作用是输出“This is a display function!”，请编写该函数。

解：

```
display()                                          /* 函数首部，无参数 */
{
  printf("This is a display function!\n");          /* 函数体 */
}
```

解析：

(1) 这道题目是要编写一个输出函数，那就要想到函数的构成：函数首部与函数体。由于是输出字符串操作，应使用无参函数，函数体利用 printf( ) 函数输出字符串就可以实现了。

(2) 下面是初学者容易犯的错误：函数首部的“()”后多写“;”，如：display( ) 错写成 display( );。

【实例 7.2】sum( ) 函数的作用是求数 a 与数 b 的和，请编写该函数。

解：

```
float sum(a,b)
float a,b;                         /* 函数首部，a 和 b 是参数 */
{  float c;
   c=a+b;
   return(c);                      /* 函数体 */
}
```

解析：

(1) 这道题目是要编写一个求和函数，形参为两个加数，由于是值运算操作，涉及三个量，即两个加数及一个和。应使用有参函数，值是主调函数给的，定义函数时不用给它们赋值。由于是求和，应使用加法运算符，求出的和要返回到主函数，因此要用到 return 语句。

(2) 下面是初学者容易犯的错误：

① 错将参数分隔符“,”写成“;”，如 float sum(a,b) 经常错写成 float sum(a;b)。

但是函数的参数定义可以写为 float sum(float a, float b)。

② 形参定义后不要对其赋值，主调函数会给它们值。如把 float sum(float a, float b) 写成 float sum(float a=1.5, float b=2.5) 是不正确的。

③ 忘记定义函数中用到的变量，如 float c; 忘记）定义就使用。

④ 函数的最后一个语句常忘记写“;”，如 return(c); 错写成 return(c)。

1. 调用典型实例

【实例 7.3】在屏幕上输出如下内容：

```
----------------------
I'm Chinese!
----------------------
```

解：

```
#include "stdio.h"
void printch()                                  /* printch() 函数 */
{
   printf("----------------------\n");          /* 输出连续的减号 */
}
void main()
{  printch();                                   /* 调用 printch() 函数输出一行减号 */
   printf("I'm Chinese!\n");                    /* 输出字符串 */
   printch();                                   /* 调用 printch() 函数输出一行减号 */
}
```

本程序运行结果为：

```
----------------------
I'm Chinese!
----------------------
```

解析：

（1）这道题目虽然没有指明要使用函数，但是可以看出这个显示内容的上下是一样的由“-”组成的线段，显然编写程序输出一条线段要比两条简单，因此可以使用函数，函数的功能是输出一条那样的线段，调用这个函数两次就能输出两条线段，利用 printf( ) 函数输出即可。函数应定义为无参函数，函数体利用 printf( ) 函数输出字符串即可实现。

（2）下面是初学者容易犯的错误：常忘记定义函数而调用函数，如 printch( ) 函数的定义经常忘记写。

【实例 7.4】编写函数，实现 (y-x)*x 的多次运算。

解：

```
#include "stdio.h"
int f(int x,int y)                              /*f() 函数 */
{ return(y-x)*x;  }                             /* 返回 (y-x)*x 的值 */
```

```
void main()
{   int a=3,b=4,c=5,d;
    d=f(f(3,4),f(3,5));                          /*3 次调用 f() 函数后值赋给 d*/
    printf("%d\n",d);                            /* 输出 d 的值 */
}
```

本程序运行结果为：

```
9
```

解析：

(1) 这道题目是要编写一个运算，由于要实现 (y−x)*x 的多次运算，所以应该把 (y−x)*x 的运算用函数来实现，多次运算只需多次调用函数即可。要考虑涉及多少个变量，用来运算的量是形参，求出的结果要返回到主函数，因此要用到 return 语句。

(2) 下面是初学者容易犯的错误：

① 实参和形参个数不一致，如实例 7.4 中 f(f(3,4),f(3,5)) 错写成 f((3,4), (3,5))。

② 在运算后忘记把结果返回给调用处，即忘记写 return 语句。

③ 当有返回值时，忘记把值赋给一个变量（或直接输出），如 d=f(f(3,4),f(3,5)); 错写成 f(f(3,4), f(3,5));。

2. 函数的参数传递方式

【实例 7.5】 通过调用 swap( ) 函数，交换主函数中变量 x 和 y 的值。

解：

```
#include "stdio.h"
void swap(int a,int b)                           /*swap() 函数 */
{   int t;
    printf("(2)a=%d b=%d\n",a,b);                /* 输出形参 a,b 的值 */
    t=a;a=b;b=t;
    printf("(3)a=%d b=%d\n",a,b);                /* 输出交换后 a,b 的值 */
}
void main()
{
    int x=10,y=20;

    printf("(1)x=%d y=%d\n",x,y);                /* 输出实参 x,y 的值 */
    swap(x,y);
    /* 调用 swap() 函数，实参值为 10,20 按顺序传递给形参 */
    printf("(4)x=%d y=%d\n",x,y);                /* 输出调用以后 x,y 的值，无改变 */
}
```

本程序运行结果为：

```
(1)x=10 y=20
(2)a=10 b=20
(3)a=20 b=10
(4)x=10 y=20
```

解析：

（1）这个题目是实参向形参单向值传递的实例，反映了这种“值传递”之后，形参变化不能影响实参。要进行主函数中变量 x 和 y 的值的交换，函数的调用必须使用“地址传递”来实现。这里函数 swap( ) 是要实现交换，也是有一个具体的功能，只是值没传递给主调函数而已。

（2）下面是初学者容易犯的错误：

① 在调用函数时，常忘记给实参赋值，如 int x=10,y=20; 错写成 int x,y;。

② 错把子函数的变量数据交换当成主函数中的变量数据也交换了，例如把最后一个结果 x=10 y=20 误认为成 x=20 y=10。

【实例 7.6】编写一个函数 change( )，实现将一个字符串按照逆序存放。例如，“Computer”按照逆序输出为“retupmoC”。输入 / 输出在主函数内完成。

解：

```
#include "stdio.h"
#include <string.h>
void main()
{   char a[100];
    char change(char a[],int n);                    /*说明函数 change()*/
    int l;
    gets(a);
    l=strlen(a);
    change(a,l);                                    /*调用函数 change()*/
    puts(a);
}
char change(char b[],int n)                         /*定义函数 change()*/
{   char t;
    int i;
    for(i=0;i<n/2;i++)
    {t=b[i];b[i]=b[n-1-i];b[n-1-i]=t;}              /*交换字符位置*/
    return i;
}
```

本程序运行结果为：

```
Computer <回车>
retupmoC
```

解析：

（1）遇到字符串问题，就应该想到用字符数组来处理。题目说主函数完成输入 / 输出，那么逆序的实现就应该在子函数实现，重点在编写子函数上。算法设计：首先，需要主函数把字符串传来，不能是值传递，应该使用地址传递，只有这样才能把整个字符串传给子函数（通过数组首地址识别）；然后做逆序，就是数组第一个元素的值与最后一个元素的值交换，循环次数应该是长度的一半；最后不需要返回值，因为地址传递是共用一部分内存空间，主函数使用的数组的值已改变，得到了逆序的结果。这个是“地址传递”的实例，使用了前面学习的数组，实现多个数据返回到主调函数的目的。在数组中讲解的题目，都可以转化成这样的子函数来实现，在这里就是注意“地址传递”对参数的要求就可以。

（2）下面是初学者容易犯的错误：经常把实参为数组名的写错，如 change(a,l); 错写成

change(a[100],l);。

二、函数的嵌套与递归

1. 函数的嵌套

【实例 7.7】分析下面的程序：

```
#include "stdio.h"
fun2(int a,int b);
fun1(int a,int b)                          /* fun1() 函数 */
{  int c;
   a+=a;b+=b;
   c=fun2(a,b);                            /* 调用 fun2() 函数，该函数结束返回这里 */
   return c*c;                             /* 返回值返回到主函数 */
}
fun2(int a,int b)                          /*fun2() 函数 */
{  int c;
   c=a*b%3;
   return c;                               /* 返回值返回到 fun1() 函数 */
}
void main()
{  int x=11,y=19;
   printf("The final result is:%d\n",fun1(x,y));   /* 调用 fun1() 函数 */
}
```

本程序运行结果为：

```
The final result is:4
```

解析：

这是有参函数嵌套调用的题目，注意值的传递。当想算一个式子，一定要把先运算的放在调用最内层的函数中，这样才能实现先运算，然后继续以后的运算。

下面是初学者容易犯的错误：

① 常把实参误认为只能是主函数中的，如 fun1( ) 函数 c=fun2(a,b); 错写成 c=fun2(x,y);。

② 常把调用多个函数误认为是函数的嵌套调用，如 fun2( ) 函数没在 fun1( ) 函数中调用，而在主函数中调用。

视 频

实例7.8

2. 函数的递归

【实例 7.8】利用递归调用求 3!。

解：

```
#include "stdio.h"
int fun(int n)
{  if(n==0)return 1;                       /*0! 等于 1*/
   return fun(n-1)*n;                      /*n! 等于 (n-1)!*n*/
}
void main()
{  int c=3;                                /*c 就是想求的阶层数，值为 3*/
   printf("3!=%d",fun(c));                 /* 调用 fun() 函数求 3 的阶层后输出 */
```

```
}
```

本程序运行结果为：

```
3!=6
```

解析：

（1）题目是求阶乘问题，也就是求 n!，并指明使用递归调用的方法。算法设计如下：首先把问题简化，递归的思想是函数表示为变量与自身的某种组合，可以把 n! 转换成 n*(n-1)!，然后找到递归的结束条件，因为是有限的，也就是推到最后一个 n 应有个确切的值，可以知道 0! 是 1。由于函数求 n!，那么要先求出 (n-1)！，也就是 n!=n*(n-1)! 可以实现了。需要注意的是，清楚每次调用时 n 的值，子函数中包含本身的调用。

（2）下面是初学者容易犯的错误：

① 误认为有 return 就可以，如 if(n= =0) return 1; return fun(n-1)*n; 错写成 if(n= =0) return 1; fun(n-1)*n; 或 if(n= =0) 1; return fun(n-1)*n; 。

② 忘记再次调用时实参的值的变化，如 return fun(n-1)*n; 错写成 return fun(n)*n;。

【实例 7.9】反向输出给定的整数。

解：

```
#include "stdio.h"
void turn(int n)                         /* 递归函数 turn()*/
{  if(n>=10)
   {  printf("%d",n%10);                        /* 个位数的处理 */
      turn(n/10);                               /* 变成 n-1 位数调用本身 */
   }
   else  printf("%d",n);
}
void main()
{  int x;
   printf("\nEnter N=");
   scanf("%d",&x);
   printf("\n");
   turn(x);                              /* 调用递归函数 turn()*/
}
```

本程序运行结果为：

```
Enter N=12345
54321
```

解析：

题目是求数的反向问题，例如 12345 应输出 54321。算法设计如下：首先把问题简化，输出一个数字可以做到，也就是输出 n 位的整数的个位可以输出，其余的都要转化为个位处理。然后找到递归的结束条件是一位数就直接输出。最后，一定要清楚，由于函数求 n 位数反向，那么要先求出 n-1 位数的反向，清楚每次调用时都是除 10 变化，子函数中包含本身的调用。

三、变量作用域与存储类别

1. 变量的作用域

【实例 7.10】分析下面的程序：

```
#include "stdio.h"
int m=13;                                   /* 全局变量 m，值为 13*/
int fun2(int x,int y)                       /* 定义 fun2() 函数 */
{  int m=3;                                 /* 局部变量 m，值为 3*/
   return(x*y-m);                           /* 使用局部变量 m 的值，也就是 3*/
}
void main()                                 /* 主函数 */
{  int a=7,b=5;
   printf("%d\n",fun2(a,b)/m);    /* 调用子函数 fun2() 函数，用全局变量 m，也就是 13*/
}
```

本程序运行结果为：

```
2
```

解析：

本题中既使用了局部变量也使用了全局变量，要对它们加以区分，注意它们的作用域不同。在程序设计中，不管是局部变量还是全局变量，函数中都可以使用，就是要注意它们的作用域。

注意：

下面是初学者容易犯的错误：

① 忘记函数中可以使用的变量，如错误地认为主函数中没定义 m 就不可以使用 m。

② 忘记在函数中定义的变量也需要赋值后使用，如 fun2( ) 函数中的 int m=3; 错写成 int m;

2. 变量的存储类别

【实例 7.11】分析下面的程序：

```
#include "stdio.h"
f(int a);
void main()
{  int a=2,i;
   for(i=0;i<3;i++)
      printf("%4d",f(a));                  /* 调用 f() 函数 */
}
f(int a)
{  int b=0;   static  int c=3;             /* 变量 c 是静态整型变量 */
   b++;c++;                                /* 变量在上次调用后的基础上加一 */
   return(a+b+c);
}
```

本程序运行结果为：

```
7   8   9
```

解析：

本题使用了静态变量，它有些像全局变量，因为它的值保留，但是其作用域还是局部变量的

范围。如静态变量 c 只在函数 f( ) 中有效，但是调用一次后的值为 4，将作为下次使用值。

下面是初学者容易犯的错误：

① 忘记写变量的类型名或误以为存储类别就是类型，如 static int c=3; 错误地写成 static c=3;。

② 错误地认为静态变量就是全局变量，在主函数中使用在子函数里定义的静态变量 c。

小　结

在这一章主要介绍了函数的调用与参数传递、函数的嵌套与递归、变量作用域与存储类别。要掌握每部分实例，特别是对问题的分析和注意事项。通过这一章的学习，读者的程序设计能力应有更进一步的提高，并具备规划整个程序结构的能力。

实 战 训 练

一、选择题

1. 下列说法中不正确的是（　　）。

   A. 主函数 main( ) 中定义的变量在整个文件或程序中有效

   B. 不同函数中，可以使用相同名字的变量

   C. 形式参数是局部变量

   D. 在一个函数内部，可以在复合语句中定义变量，这些变量只在复合语句中有效

2. 以下错误的描述是：函数调用可以（　　）。

   A. 出现在执行语句中　　　　B. 出现在一个表达式中

   C. 作为一个函数的实参　　　D. 作为一个函数的形参

3. C 语言规定，函数返回值的类型是由（　　）。

   A. return 语句中的表达式类型所决定

   B. 调用该函数时的主调函数类型所决定

   C. 调用该函数时系统临时决定

   D. 在定义该函数时所指定的函数类型所决定

4. C 语言规定，简单变量作为实参时，它和对应形参之间的数据传递方式是（　　）。

   A. 地址传递

   B. 单向值传递

   C. 由实参传给形参，再由形参传回给实参

   D. 由用户指定的传递方式

5. C 语言允许函数类型默认定义，此时函数值隐含的类型是（　　）。

   A. float　　B. int　　C. long　　D. double

6. C 语言中函数调用的方式有（　　）。

   A. 只有函数调用作为语句这一种方式

   B. 只有函数调用作为函数表达式这一种

C. 只有函数调用作为语句或函数表达式这两种

D. 函数调用作为语句、函数表达式或函数参数三种

7. 当调用函数时，实参是一个数组名，则向函数传送的是（　　）。

A. 数组的长度　　B. 数组的首地址

C. 数组每一个元素的地址　　D. 数组每个元素中的值

8. 关于建立函数的目的，以下正确的说法是（　　）。

A. 提高程序的执行效率　　B. 提高程序的可读性

C. 减少程序的篇幅　　D. 减少程序文件所占内存

9. 若已定义的函数有返回值，则以下关于该函数调用的叙述中错误的是（　　）。

A. 函数调用可以作为独立的语句存在

B. 函数调用可以作为一个函数的实参

C. 函数调用可以出现在表达式中

D. 函数调用可以作为一个函数的形参

10. 若用数组名作为函数的实参，传递给形参的是（　　）。

A. 数组的首地址　　B. 数组第一个元素的值

C. 数组中全部元素的值　　D. 数组元素的个数

11. 数组名作为函数参数传递给函数，作为实际参数的数组名被处理为（　　）。

A. 该数组的长度　　B. 该数组的元素个数

C. 该数组中各元素的值　　D. 该数组的首地址

12. 以下对 C 语言函数的有关描述中，正确的是（　　）。

A. 调用函数时，只能把实参的值传给形参，形参的值不能传送给实参

B. 函数既可以嵌套定义又可以递归调用

C. 函数必须有返回值，否则不能使用函数

D. 函数必须有返回值，返回值类型不定

13. 在 C 语言的函数中，下列正确的说法是（　　）。

A. 必须有形参　　B. 形参必须是变量名

C. 可以有也可以没有形参　　D. 数组名不能作为形参

14. 设一个函数的原型是 int fun(int x);，则调用该函数时，对应的实参不能是同类型的（　　）。

A. 常量　　B. 变量

C. 数组元素　　D. 数组名

15. 若函数类型为 void 型，则表明该函数（　　）。

A. 有多个 return 语句，且类型不同，返回值类型不确定

B. 是无参函数，不可能有返回值

C. 无 return 语句，不需返回值

D. 以上都正确

16. 在 C 语言中，形参的默认存储类别是（　　）。

A. auto　　B. register　　C. static　　D. extern

17. C语言中函数返回值的类型必须（　　）。
    A. 与return语句中的表达式类型一致
    B. 与调用该函数的主调函数一致
    C. 与该函数第一个参数类型一致
    D. 以上都不对
18. 被调函数返回给主调函数的值称为（　　）。
    A. 形参　　B. 实参　　C. 返回值　　D. 参数
19. 被调函数通过（　　）语句，将值返回给主调函数。
    A. if　　B. for　　C. while　　D. return
20. 以下函数的类型是（　　）。

```
fff(float x)
{ printf("%d\n",x+x);}
```

    A. 与参数x的类型相同　　B. void类型
    C. int类型　　D. 无法确定
21. 以下正确的函数定义形式是（　　）。
    A. double fun(int x,int y)　　B. double fun(int x; int y)
    C. double fun(int x;y);　　D. double fun(int x,y);
22. 以下正确的说法是（　　）。
    A. 定义函数时，形参的类型说明可以放在函数体内
    B. return后边的值不能为表达式
    C. 如果函数值的类型与返回值类型不一致，以函数值类型为准
    D. 如果形参与实参类型不一致，以实参类型为准
23. 在C语言中，函数的隐含存储类别是（　　）。
    A. auto　　B. static　　C. extern　　D. 无存储类别
24. 函数的值通过return语句返回，下面关于return语句的形式描述错误的是（　　）。
    A. return 表达式；
    B. return(表达式);
    C. 一个return语句可以返回多个函数值
    D. 一个return语句只能返回一个函数值
25. 以下语句的输出结果是（　　）。

```
printf("%d\n",strlen("\t"\065\xff\n"));
```

    A. 5　　B. 14
    C. 8　　D. 输出项不合法，无正常输出
26. 下面函数调用语句含有实参的个数为（　　）。

```
func((exp1,exp2),(exp3,exp4,exp5));
```

    A. 1　　B. 2　　C. 4　　D. 5

27. 请阅读以下程序:

```
#include "stdio.h"
void fun(int s[])
{  static int j=0;
   do
      {s[j]+=s[j+1];}while(++j<2);
}
void main()
{  int k,a[10]={1,2,3,4,5};
   for(k=1;k<3;k++)fun(a);
   for(k=0;k<5;k++)printf("%d",a[k]);
}
```

上面程序的输出结果是（　　）。

A. 34756　　B. 23445　　C. 35745　　D. 12345

28. 设函数 fun( ) 的定义形式为:

```
void fun(char ch,float x){…}
```

则以下对函数 fun( ) 的调用语句中，正确的是（　　）。

A. fun("abc",3.0);　　B. t=fun('D',16.5);

C. fun('65',2.8);　　D. fun(32,32);

29. 下列函数的运行结果是（　　）。

```
#include "stdio.h"
int f(int a,int b);
void main()
{  int i=2,p;
   int j,k;
   j=i;
   k=++i;
   p=f(j,k);
   printf("%d",p);
}
int f(int a,int b)
{  int c;
   if(a>b)c=1;
   else if(a==b)c=0;
   else c=-1;
   return(c);
}
```

A. -1　　B. 1

C. 2　　D. 编译出错，无法运行

30. 下面程序的输出结果为（　　）。

```
#include "stdio.h"
fun(int a,int b)
{
```

```
    int c;
    c=a+b;
    return c;
}
void main()
{   int x=6,y=7,z=8,r;
    r=fun((x--,y++,x+y),z--);
    printf("%d\n",r);
}
```

A. 21 B. 22 C. 23 D. 20

31. 有以下程序:

```
#include "stdio.h"
int a=1;
int f(int c)
{   static int a=2;
    c=c+1;
    return((a++)+c);
}
void main()
{   int i,k=0;
    for(i=0;i<2;i++){ int a=3;k+=f(a);}
    k+=a;
    printf("%d\n",k);
}
```

程序的运行结果是(　　)。

A. 14 B. 15 C. 16 D. 17

32. 以下程序的输出结果是(　　)。

```
#include "stdio.h"
int f()
{   static int i=0;
    int s=1;
    s+=i;i++;
    return s;
}
void main()
{   int i,a=0;
    for(i=0;i<5;i++)a+=f();
    printf("%d\n",a);
}
```

A. 20 B. 24 C. 25 D. 15

33. 以下程序的输出结果是(　　)。

```
#include "stdio.h"
void reverse(int a[],int n)
{   int i,t;
    for(i=0;i<n/2;i++)
```

```
    { t=a[i];a[i]=a[n-1-i];a[n-1-i]=t;}
}
void main()
{   int b[10]={1,2,3,4,5,6,7,8,9,10};int i,s=0;
    reverse(b,8);
    for(i=6;i<10;i++)s+=b[i];
    printf("%d\n",s);
}
```

A. 22　　　B. 10　　　C. 34　　　D. 30

34. 以下程序的运行结果是（　　）。

```
#include "stdio.h"
fun(int i,int j)
{   i++;j++;
    return i+j;
}
void main()
{   int a=1,b=2,c=3;
    c+=fun(a,b)+a;
    printf("%d,%d,%d\n",a,b,c);
}
```

A. 1,2,9　　　B. 2,3,10　　　C. 1,2,10　　　D. 2,3,9

35. 以下程序的输出结果是（　　）。

```
#include "stdio.h"
int a=50,b=10;
void main()
{   int a=1,c;
    c=a+b;
    printf("%d",c);
    {int a=2,b=2;c=a+b;printf("%d",c);}
}
```

A. 60　4　　　B. 11　3　　　C. 11　4　　　D. 60　3

36. 以下程序中函数 f( ) 的功能是：当 flag 为 1 时，进行由小到大排序；当 flag 为 0 时，进行由大到小排序。

```
#include "stdio.h"
void f(int b[],int n,int flag)
{   int i,j,t;
    for(i=0;i<n-1;i++)
        for(j=i+1;j<n;j++)
            if(flag?b[i]>b[j]:b[i]<b[j]){t=b[i];b[i]=b[j];b[j]=t;}
}
void main()
{   int a[10]={5,4,3,2,1,6,7,8,9,10},i;
    f(&a[2],5,0);
    f(a,5,1);
    for(i=0;i<10;i++) printf("%d,",a[i]);
```

```
}
```

程序运行后的输出结果是（　　）。

A. 1,2,3,4,5,6,7,8,9,10,　　B. 3,4,5,6,7,2,1,8,9,10,

C. 5,4,3,2,1,6,7,8,9,10,　　D. 10,9,8,7,6,5,4,3,2,1,

37. 有如下程序：

```
#include "stdio.h"
long fib(int n)
{  if(n>2) return(fib(n-1)+fib(n-2));
   else return(2);
}
void main()
{ printf("%d\n",fib(3));}
```

该程序的输出结果是（　　）。

A. 2　　B. 4　　C. 6　　D. 8

38. 有以下程序：

```
#include "stdio.h"
int f(int n)
{  if(n==1)return 1;
   else return f(n-1)+1;
}
void main()
{  int i,j=0;
   for(i=1;i<3;i++)
      j+=f(i);
   printf("%d\n",j);
}
```

程序运行后的输出结果是（　　）。

A. 4　　B. 3　　C. 2　　D. 1

39. 有以下程序：

```
#include "stdio.h"
void fun(int a,int b,int c)
{ a=456,b=567,c=678;}
void main()
{  int x=10,y=20,z=30;
   fun(x,y,z);
   printf("%d,%d,%d\n",x,y,z);
}
```

该程序的输出结果是（　　）。

A. 30,20,10　　B. 10,20,30

C. 456,567,678　　D. 678,567,456

40. 下列程序的运行结果为（　　）。

```
#include "stdio.h"
fun()
{  static int x=5;
   x++;
   return x;
}
void main()
{  int i,x;
   for(i=0;i<3;i++)
      x=fun();
   printf("%d\n",x);
}
```

A. 5　　B. 6　　C. 7　　D. 8

41. 下列程序的运行结果为（　　）。

```
#include "stdio.h"
long fun(int n)
{  if(n>2)return(fun(n-1)+fun(n-2));
   else return(2);
}
void main()
{ printf("%ld\n",fun(5));}
```

A. 10　　B. 15
C. 20　　D. 以上 3 个答案都不正确

42. 下列程序的运行结果为（　　）。

```
#include "stdio.h"
fun(int m,int n)
{ return(m*m*m-n*n*n);}
void main()
{  int m=4,n=2,k;
   k=fun(m,n);
   printf("%d\n",k);
}
```

A. 64　　B. 8　　C. 56　　D. 0

43. 下列程序的运行结果为（　　）。

```
#include "stdio.h"
#include "string.h"
void main()
{  char a[30]="nice to meet you!";
   strcpy(a+strlen(a)/2,"you");
   printf("%s\n",a);
}
```

A. nice to meet you you　　B. nice to

C. meet you you　　D. nice to you

二、判断题

1. 函数不能嵌套定义，但可以嵌套调用。（　）
2. C 语言的函数在形式上必须要有参数。（　）
3. 函数实参与形参应类型相同或赋值兼容。（　）
4. main( ) 函数由用户定义，并可以被其他函数调用。（　）
5. 程序的运行最后在 main( ) 函数中结束。（　）
6. 在 C 语言中以源文件而不是以函数为单位进行编译。（　）
7. 当形参是变量时，实参与它所对应的形参占用不同的存储单元。（　）
8. 形参可以是常量、变量或表达式。（　）
9. 一个函数由两部分组成：函数首部和函数体。（　）
10. C 语言规定，实参变量对形参变量的数据传递是单向的"值传递"。（　）
11. 函数值类型与程序中返回值类型出现矛盾时，以函数值类型为准。（　）
12. 一个函数返回值的类型是由 return 语句中的表达式类型决定。（　）
13. 一个函数返回值的类型是由定义函数时所指定的函数类型决定。（　）
14. 若调用一个函数，且此函数中没有 return 语句，则没有返回值。（　）
15. 函数调用语句 func((expl,exp2),(exp3,exp4,exp5));，含有实参的个数为 5。（　）
16. C 函数既可以嵌套定义又可以递归调用。（　）
17. 函数没有返回值，则不能使用函数。（　）
18. C 程序中具有调用关系的所有函数必须放在同一个程序文件中。（　）
19. 在 C 语言中，形式参数的作用域只是局限于所在函数。（　）
20. 调用函数时，系统才为形参分配内存单元。（　）
21. 调用函数时，实参与形参的类型必须一致。（　）
22. 形参是虚拟的，不占用存储单元。（　）
23. 无论实参是何种类型的量，在进行函数调用时，它们都必须具有确定的值。（　）
24. 实参和与其对应的形参共占用一个存储单元。（　）
25. 若调用一个函数，且此函数中没有 return 语句，则返回一个不确定的值。（　）
26. 如果在所有函数定义之前，在函数外部已做了声明，则各个主调函数不必再做函数原型声明。（　）
27. 如果某函数作为另一个函数调用的实际参数出现，则要求该函数必须是有返回值的。（　）
28. 函数的定义和函数的调用均不可以嵌套。（　）
29. C 语言函数的实参和其对应的形参共占同一存储单元。（　）
30. 如果被调用函数的定义出现在主调函数之前，可以不必加以说明。（　）
31. 在函数中未指定存储类别的变量，其隐含存储类别为静态。（　）
32. 在一个文件中定义的全局变量的作用域为本程序的全部范围。（　）
33. 在 C 语言中允许函数递归调用。（　）

34. 在一个函数中的复合语句中定义了一个变量，则该变量的有效范围是在该复合语句中。（　　）

35. 在 C 语言的函数中，最好使用全局变量。（　　）

36. 函数中的局部变量都是动态存储。（　　）

37. 实参与它所对应的形参同名时可占用同一个存储单元。（　　）

三、填空题

1. 在 C 语言中，实参与形参之间的数据传递是________向的值传递。

2. 在 C 语言中，函数可以嵌套调用，函数________可以嵌套定义。

3. 函数调用时的实参和形参之间的数据传递是单向的________传递。

4. 一个 include 命令只能指定________个被包含文件。

5. 一个 C 源程序中至少应包括一个________函数。

6. 通常需要对被调用的函数事先说明，但有时也可以不用对被调用的函数进行说明。比如，当被调用的函数定义在主调函数之________时，就可以不用对被调用函数进行说明。

7. 在函数外部定义的变量是全局变量，在函数内部定义的变量是局部变量，形参属于________变量。

8. 局部变量的存储类别有 auto、static 和 register 三种，其中________是局部变量的默认存储类别。

9. 如果函数不要求带回值，可用关键字________来定义函数返回值为空。

10. 在很多情况下都不要求无参函数有返回值，此时函数类型符可以写为________。

11. 根据变量值存在的时间（即生存期）来分，变量可分为动态变量和________变量。

12. 函数的________调用是一个函数直接或间接地调用它自身。

13. 求字符串长度的库函数是________。(只写函数名即可)

14. 用于字符串比较的库函数是________。(只写函数名即可。)

15. 在同一源文件中，允许外部变量和内部变量同名。在内部变量的作用域内，外部变量将被________而不起作用。

16. 在 C 程序中，若对函数类型未加说明，则函数的隐含类型为________。

17. 只有________变量和形式参数可以作为寄存器变量。

18. C 语言中，________函数可以调用其他函数，而不允许被其他函数调用。

19. ________命令的功能是把指定的文件插入该命令行位置取代该命令行。

20. C 语言全局的外部变量和函数体内定义的局部变量重名时，________变量优先。

21. 函数调用语句由一次函数调用加一个________(语句结束标志）构成。

22. main( ) 函数可以带参数，C 语言规定 main( ) 函数的参数只能有________个。

23. 函数的递归调用就是函数直接或间接________函数自身。

四、程序填空题

1. 函数的功能是求有 5 个元素的一位数组的平均值。

```
#include <stdio.h>
float aver(float a[ ])
{  int i;
```

```
    float av,s=a[0];
    for(i=1;i<5;i++)
    /***********FILL***********/
    s+=________;
    av=s/5;
    /***********FILL***********/
    return ________;
}
void main()
{   float sco[5],av;
    int  i;
    printf("\ninput 5 scores:\n");
    for(i=0;i<5;i++)
        /***********FILL***********/
        scanf( "%f" ,________);
    /***********FILL***********/
    av=aver(________);
    printf("average score is %5.2f\n",av);
}
```

2. 用“起泡法”对输入的 10 个字符排序后按从大到小的次序输出。

```
#define N 10
#include <stdio.h>
#include <string.h>
void sort(char b[N],int m);
void main()
{   int i;
    char str[N];
    for(i=0;i<N;i++)
    /***********FILL***********/
        scanf("%c",________);
    /***********FILL***********/
    sort(________);
    for(i=0;i<N;i++)
        printf("%c",str[i]);
    printf("\n");
}
void sort(char b[N],int  m)
{   int i,j,t;
    for(i=0;i<m-1;i++)
        for(j=0;j<m-i-1;j++)
        /***********FILL***********/
            if(________)
            {   t=b[j];
                b[j]=b[j+1];
                b[j+1]=t;
            }
}
```

3. 函数 fun( ) 的功能是：计算并输出 k 以内最大的 10 个能被 13 或 17 整除的自然数之和。k 的值由主函数入，若 k 的值为 500，则函数值为 4622。

```
#include <stdio.h>
int fun(int k)
{  int m=0,mc=0;
   /***********FILL***********/
   while(________)
   {
      /***********FILL***********/
      if(k%13==0||________)
      {m=m+k;mc++;}
      /***********FILL***********/
      k--;
   }
   /***********FILL***********/
      return(________);
}
void main()
{ printf("%d\n",fun(500));
}
```

4. fun( ) 函数的功能是：找出大于 m 的最小素数，并将其作为函数值返回。

```
#include <stdio.h>
#include <math.h>
int fun(int m)
{  int  i,k,w;
   for(i=m+1,,i++);
   {
      w=sqrt(i);
      /***********FILL***********/
      for(k=2;________;k++)
      /***********FILL***********/
      if(i%k==0)________;
      /***********FILL***********/
      if(________)
      /***********FILL***********/
      return(________);
   }
}
void main()
{  int n;
   scanf("%d",&n);
   printf("%d\n",fun(n));
}
```

5. fun( ) 函数的功能是：给定 n 个实数，输出平均值，并统计在平均值以下（含平均值）的实数个数。例如，n=6 时，输入 23.5, 45.67, 12.1, 6.4，58.9, 98.4，所得平均值为 40.828335，在平均值以下的实数个数应为 3。

```
#include <stdio.h>
fun(float x[],int n)
{  int j,c=0;
   /***********FILL***********/
```

```
    float ________;
  /***********FILL***********/
    for(j=0;________;j++)
      xa+=x[j];
    xa=xa/n;
    printf("ave=%f\n",xa);
    for(j=0;j<n;j++)
    /***********FILL***********/
    if(________)c++;
  /***********FILL***********/
  return (________);
}
void main()
{  float x[]={23.5,45.67,12.1,6.4,58.9,98.4};
   printf("%d\n",fun(x,6));
}
```

6. fun( ) 函数的功能是：实现两个字符串的连接。例如：输入 dfdfqe 和 12345 时，输出 dfdfqe12345。

```
#include <stdio.h>
void main()
{  char s1[80],s2[80];
   void  fun(char s1[],char s2[]);
   gets(s1);gets(s2);
   fun(s1,s2);puts(s1);
}
void fun(char s1[],char s2[])
{  int i=0,j=0;
   /***********FILL***********/
   while(________)  i++;
   while(s2[j]!='\0')
   {
      /***********FILL***********/
      s1[i]=________;
      i++;
      j++;
   }
   /***********FILL***********/
   ________='\0';
}
```

7. 函数 fun( ) 的功能是：求 1 ~ 20 的阶乘的和。

```
#include <stdio.h>
fun()
{  int n,j;
   float s=0.0,t=1.0;
   for(n=1;n<=20;n++)
   {
      /***********FILL***********/
      ________=1;
```

```
        for(j=1;j<=n;j++)
         /***********FILL***********/
         t=_________;
         /***********FILL***********/
        s=_________;
     }
    /***********FILL***********/
    printf("jiecheng=%f\n",_________);
}
void main()
{ fun();
}
```

8. 函数 fun( ) 的功能是：求出两个非零整数的最大公约数，并作为函数值返回。例如，若给 num1 和 num2 分别输入 49 和 21，则输入的最大公约数为 7。

```
#include <stdio.h>
int fun(int a,int b)
{  int r,t;
   if(a<b)
   { t=a;
      /***********FILL***********/
      _________;
      /***********FILL***********/
      _________;
   }
   r=a%b;
   while(r!=0)
   {  a=b;
      b=r;
      /***********FILL***********/
      r=_________;
      /***********FILL***********/
      return(_________);
   }
}
void main()
{  int num1,num2,a;
   scanf("%d%d",&num1,&num2);
   a=fun(num1,num2);
   printf("zhe maximum common divisor is %d\n\n",a);
}
```

五、程序改错题

1. 编写函数，判断一个数字是否在一个正整数中，若在，则函数返回值为 1，否则函数返回值为 0。输入 / 输出由主函数完成。

```
#include <stdio.h>
int fun(int m,int n)
{  int k,z=0;
   do
   { k=m%10;
```

```
        /**********ERROR**********/
        if(n=k)z=1;
        /**********ERROR**********/
        n=m/10;
    }while(m!=0);
    /**********ERROR**********/
    return(m);
}
void main()
{   int m,n,k;
    scanf("%d%d",&m,&n);
    /**********ERROR**********/
    k=fun(m);
    if(k==1)printf("%d在%d中",n,m);
    else printf("%d不在%d中",n,m);
}
```

2. fun( )的功能是：计算正整数mun的各位的数字之积。例如，输入252，输出是20。

```
#include <stdio.h>
long fun(long num)
{
    /**********ERROR**********/
    long k;
    do
      {
         k*=num%10;
         /**********ERROR**********/
         num\=10;
    }while(num);
    return k;
}
void main()
{   long n;
    printf("\nPlease enter a number:");
    /**********ERROR**********/
    scanf("%ld",n);
    /**********ERROR**********/
    printf("\n%ld\n",fun(long n));
}
```

3. 给定程序MODI1.C中函数fun( )的功能是：求广义斐波那契数列的第n项。广义斐波那契数列的前n项为：1，1，1，3，5，9，17，31，…，项值通过函数值返回main( )函数。例如，若n=15，则应输出：the value is:2209.

```
#include <conio.h>
#include <stdio.h>
long fun(int n)
{   long a=1,b=1,c=1,d=1,k;
    /**********ERROR**********/
    for(k=4;k<n;k++)
    {   d=a+b+c;
```

```
      /**********ERROR**********/
      a=b;b=c;c=d;
    }
    /**********ERROR**********/
    return k;
}
void main()
{  int n=15;
   printf("the value is: %ld\n"fun(n));
}
```

4. 下列程序中，函数 fun( ) 的功能是：找出一个大于给定整数 m 的最小的素数，并作为函数值返回。

```
#include <conio.h>
#include <stdio.h>
int fun(int m)
/**********ERROR**********/
{  int i;k;
   for(i=m+1;;i++)
   {  for(k=2;k<i;k++)
      /**********ERROR**********/
      if(i%k!=0)
         break;
      /**********ERROR**********/
      if(k=i)
         return(i);
   }
}
void main()
{  int n;
   printf("\n please enter n:");
   scanf("%d",&n);
   printf("%d\n",fun(n));
}
```

5. 下列给定程序中，函数 fun( ) 的功能是：求 1 ~ 10 的阶乘的和。

```
#include <stdio.h>
void main()
{  int i;
   float s=0;
   float fun(int n);
   /**********ERROR**********/
   for(i=1;i<10;i++)
      /**********ERROR**********/
      s=fun(i);
   printf("%f\n",s);
}
float fun(int n)
{
   /**********ERROR**********/
```

```
    int y=1;
    int i;
    for(i=1;i<=n;i++)
       y=y*i;
    /**********ERROR**********/
    return;
}
```

六、程序设计题

1. 有一个数组，内放 10 个学生的英语成绩，写一个函数，求出平均分，并且打印出高于平均分的英语成绩。

2. 编写一个函数计算任一输入的整数的各位数字之和。主函数包括输入 / 输出和调用该函数。

3. 已有函数调用语句 c=add(a,b);，编写 add( ) 函数，计算两个实数 a 和 b 的和，并返回和值。

```
double add(double x,double y)
{        }
```

4. 已有变量定义和函数调用语句: int a=1, b=−5, c; c=fun(a,b);，fun( ) 函数的作用是计算两个数之差的绝对值，并将差值返回调用函数，请编写 fun( ) 函数。

```
fun(int x,int y)
{         }
```

5. 已有变量定义和函数调用语句: int x=57;isprime(x);，函数 isprime( ) 用来判断一个整型数 a 是否为素数，若是素数，函数返回 1，否则返回 0。请编写 isprime( ) 函数。

```
isprime(int a)
{         }
```

6. 输入 10 个学生的成绩，分别用函数实现:

（1）求平均成绩;

（2）按分数高低进行排序并输出。

7. 若有一 4 × 4 二维数组，试编程完成如下功能:

（1）求 4 × 4 数组的对角线元素值之和。

（2）将二维数组元素行列互换后存入另一数组，并将此数组输出。

第 8 章

应用指针设计程序 增加独有特色

指针是 C 语言具有代表性特征的功能之一。利用指针可以对内存中各种不同数据结构的数据进行快速处理，也为函数间各类数据的传递提供了简洁便利的方法。正确熟练地使用指针可以编制出简洁明快、功能强和质量高的程序，但是，由于指针概念比较复杂，使用也很灵活，所以它是学习 C 语言的难点和重点之一。本章将讨论指针的用法，包括指针变量及指针和字符串、函数的指针及函数返回指针值、指针数组和指向指针的指针及 void 指针类型等。通过对上述问题的了解，使读者能够掌握指针，为今后的程序设计打下基础。

实训目标

通过本章训练，你将能够：

☑ 掌握指针与地址的概念。

☑ 正确定义和使用指针变量。

☑ 正确使用地址运算符 & 和指针运算符 *。

☑ 正确使用函数的指针。

☑ 熟练使用指针数组解题。

知识要点

变量的指针	*pi , i, pi=&i;
数组的指针	*pa, a[10], pa=a, pa+i=a+i=&a[i]
指针数组	*pa[4]
指针的指针	**ppa;
函数的指针	(*pf)( )
指针型函数	*f(a, b)

思想启蒙

一切从实际出发，实事求是。

实 例 解 析

一、指针怎么用

1. 指针变量的定义与引用

【实例 8.1】阅读下面程序，写出其运行结果。

解：

```
#include <stdio.h>
void main()
{
    int a,b,*p,*q;                      /*定义一个整型变量 a，b 和指针变量 p，q*/
    p=&a;q=&b;
    a=200;
    *q=400;                             /*把 400 赋给指针变量 q 所指向的存储单元（b）*/
    printf("%d,%d\n",*p,*q);
    *p=100;                             /*把 100 赋给 *p，也就是变量 a*/
    *q=200;                             /*把 200 赋给 *q，也就是变量 b*/
    printf("%d,%d\n",a,b);
    printf("%d,%d\n",*p,*q);
    *q=*p+b;                            /*把 *p+b 的值赋给 *q，也就是变量 b*/
    *p=a+b;                             /*把 a+b 的值赋给 *p，也就是变量 a*/
    printf("%d,%d\n",*p,*q);
}
```

本程序运行结果为：

```
200,400
100,200
100,200
400,300
```

解析：

*p 与 a 等价，*q 与 b 等价。第一次输出时，a 为 200，b 为 400；第二次 a 为 100，b 为 200；第三次 a 为 400，b 为 300。

&*pa 的含义：“&” 和 “*” 两个运算符的优先级别相同，但按自右向左方向结合，因此先进行 *pa 的运算，它是变量 a，再执行 & 运算，因此，&*pa 和 &a 相同，即变量 a 地址。*&a 的含义：先进行 &a 运算，得 a 的地址，再进行 * 运算，即 &a 所指向的变量，*&a 和 *pa 的作用是一样的，它们等价于变量 a。(*pa)++ 与 *(pa++) 的区别：前者是指 pa 所指变量内容加 1；而后者是指指向该变量的下一个存储单元，然后取值。下一个存储单元的位置由存储数据的类型而定。

视 频

实例8.2

2. 指针变量作函数参数

【实例 8.2】对两个整数按大小顺序输出。

解：

```
#include <stdio.h>
swap(int *p1,int *p2)                    /* 形参 p1、p2 交换值 */
{
    int temp;
    temp=*p1;                            /*temp 是中间变量 */
    *p1=*p2;
    *p2=temp;
}
void main()                              /* 主函数 */
{
    int a,b;
    int *pointer_1,*pointer_2;
    scanf("%d,%d",&a,&b);
    pointer_1=&a;pointer_2=&b;
    /*pointer_1, pointer_2 分别是 a，b 的地址 */
    if(a<b) swap(pointer_1,pointer_2);
    /*pointer_1, pointer_2 作为实参 */
    printf("%d,%d\n",a,b);
}
```

本程序运行结果为：

```
5,9< 回车 >
9,5
```

解析：

在用户定义函数 swap( ) 中，变量 temp 前面没有 *，它并不是指针变量，因为若是指针变量，temp 中并无确定的地址值，它的值是不可预见的。不能企图通过改变指针变量的值而使指针实参的值改变。如下：

```
swap(int *p1,int *p2)
{  int *p; p=p1; p1=p2;p2=p;}
```

此程序只是改变了形参 p1 与 p2 的值，并不能改变实参的值，调用函数不可能改变实参指针变量的值，但可以改变实参指针变量所指变量的值。

【实例 8.3】编写程序，将字符串中的第 m 个字符开始的全部字符复制成另一个字符串。要求在主函数中输入字符串及 m 的值并输出复制结果，在被调函数中完成复制。

解：

```
#include <stdio.h>
#include <string.h>
void copystr(char *p1,char *p2,int m);
void main()
{
    int m;
    char str1[80],str2[80];
    printf("Input a string:\n");
```

```
    gets(str2);                         /* 获得字符串 str2*/
    printf("Input m:\n");
    scanf("%d",&m);
    if(strlen(str2)<m)                  /* 若字符串 str2 的长度小于 m，则提示出错 */
       printf("Err input!\n");
    else
    {
       copystr(str1,str2,m);
       printf("Result is:%s\n",str1);
    }
}
void copystr(char *p1,char *p2,int m)
{
    int n=0;
    while(n<m-1)
    {p2++,n++;}                         /* 使指针指向要复制部分的开始位置 */
    while(*p2!='\0')
    {*p1=*p2;p1++;p2++;}                /* 字符串进行复制 */
    *p1='\0';
}
```

本程序运行结果为：

```
Input a string:
abcdefg< 回车 >
Input m:
3< 回车 >
cdefg
```

解析：

先要把指针指向要复制的开始位置，然后进行复制，两个字符串同时指针移动，记得在最后要把 '\0' 加到 str1 的后面，此时程序才算完成。

3. 数组指针和指向数组的指针变量

【实例 8.4】编写程序，设置一个排序函数 sort( )，该函数将数组按照从小到大的顺序进行排序，其中有两个形式参数，一个为指向数组的指针 p，另一个为数组的元素个数 n。在主函数 main( ) 中要求从键盘输入 10 个数存入数组 data[10] 中，同时要求调用函数 sort( ) 对 data 进行排序，并在 main( ) 中输出最终的排序结果。

解：

```
#include <stdio.h>
void sort(int *p,int n);
void main()
{
    int i,data[10];
    printf("\nInput 10 integer\n");
    for(i=0;i<10;i++)
       scanf("%d",&data[i]);                    /* 输入 10 个数组元素 */
    printf("The Old Values are:\n");
    for(i=0;i<10;i++)
       printf("%d",data[i]);                    /* 输出这 10 个数组元素 */
```

```
    printf("\n");
    sort(data,10);                                /* 调用排序函数 */
    printf("The New Values are:\n");
    for(i=0;i<10;i++)
        printf("%d",data[i]);                     /* 输出排序后的函数 */
}
void sort(int *p,int n)
{
    int i,j,temp;
    for(i=0;i<n-1;i++)
        for(j=i+1;j<n;j++)
            if(*(p+i)>*(p+j))                     /* 判断此元素是否比后面的元素大 */
            {
                temp=*(p+i);                      /* 元素交换位置 */
                *(p+i)=*(p+j);
                *(p+j)=temp;
            }
}
```

本程序运行结果为：

```
Input 10 integer
1 3 2 9 7 4 5 5 6 8<回车>
The Old Values are:
1 3 2 9 7 4 5 5 6 8
The New Values are:
1 2 3 4 5 5 6 7 8 9
```

解析：

在主函数中，调用排序函数时，其中的一个参数写函数名，后面不要加“[ ]”。在排序函数中，若大于后面的数则交换，其中的 temp 是一个整型变量，而不是指针变量。

【实例 8.5】编写函数，对存储在一个字符串变量中的英文句子，统计其中的单词个数，单词之间用空格分隔。

解：

方法一：

```
#include "stdio.h"
int count_word(char *str);                        /* 函数说明 */
void main()
{
    char str1[80];
    puts("\nPlease enter a string:");
    gets(str1);                                   /* 输入一个字符串 */
    printf("There are %d words in this sentence",count_word(str1));
}                                                 /* 调用函数计算单词个数并输出 */
int count_word(char *str)                         /* 函数的定义 */
{
    int count,flag;
    char *p;
    count=0;                                      /* 计算器清 0*/
```

```
    flag=0;                                     /* 假设单词没开始 */
    p=str;                                      /*p 指向字符串首部 */
    while(*p!='\0')                             /* 字符串结束 */
    {
        if(*p==' ')flag=0;
        else if(flag==0)                        /* 当前字符的前一个为空格 */
        {
            flag=1;                             /* 单词开始，设标记变量为 1*/
            count++;                            /* 计数器加 1*/
        }
        p++;                                    /* 指针向后移动 */
    }
    return count;
}
```

方法二：

```
#include "stdio.h"
int count_word(char *str);                          /* 函数说明 */
void main()
{
    char str1[80];
    puts("\nPlease enter a string:");
    gets(str1);                                     /* 输入一个字符串 */
    printf("There are %d words in this sentence",count_word(str1));
}                                                   /* 调用函数计算单词个数并输出 */
int count_word(char *str)                           /* 函数的定义 */
{
    int i,count,flag;
    count=0;
    flag=0;
    i=0;
    while(*(str+i)!='\0')
    {
        if(*(str+i)==' ') flag=0;
        else if(flag==0)                            /* 当前字符的前一个为空格 */
        {
            flag=1;                                 /* 单词开始，设标记变量为 1*/
            count++;
        }
        i++;
}
    return  count;                                  /* 单词开始，设标记变量为 1*/
}
```

本程序运行结果为：

```
Please enter a string:
I love you too<回车>
There are 4 words in this sentence
```

解析：

此题用一个标记“flag”来判断是否是新单词的开始，只有在当前不是空格，而前一个字符是空格“flag=1”时计数器才加 1。本题用数组指针求解，通过指针移动来逐个判断每个字符。

【实例 8.6】用指针方法编写其字符串（strcat），并在主函数中调用。

解：

方法一：

```
#include "stdio.h"
void _strcat(char *s,char *t);
void main()
{
   char str1[160],str2[80];
   printf("\nPlease enter 2 string:");                    /* 读入两个字符串 */
   scanf("%s%s",str1,str2);
   _strcat(str1,str2);                                    /* 调用函数将两个字符串连接 */
   printf("strcat string is %s",str1);                    /* 输出连接以后的字符串 */
}
void _strcat(char *str1,char *str2)
{
   char *p,*q;
   p=str1;                                  /*p 指向的字符串 str1 的第一个字符 */
   while(*p!='\0')    p++;                  /*p 一直向后移动直到第一个字符串的结束标志 */
   q=str2;                                  /*q 指向字符串 str2 的第一个字符 */
   while(*q!='\0')
{
   *p=*q;                                   /*q 指向的字符串内容覆盖 p 指向的字符串空间 */
   p++;q++;                                 /*p 和 q 同时向后移动 */
}
   *p='\0';                                 /* 字符串结束 */
}
```

方法二：

```
#include "stdio.h"
void_strcat(char *str1,char *str2)
{
   int i,j;
   i=0;
   while(*(str1+i)!='\0') i++;
   /*i 是 str1 字符串中字符串终止符的下标 '\0'*/
   j=0;
   while(*(str2+j)!='\0')
   {
      *(str1+i)=*(str2+j);
      i++;
      j++;
   }
   *(str1+i)='\0';
}
void main()
{
   char str1[160],str2[80];
   printf("\nPlease enter 2 string:");                    /* 读入两个字符串 */
```

```
    scanf("%s %s",str1,str2);
    _strcat(str1,str2);                            /* 调用函数将两个字符串连接 */
    printf("Strcat string is %s",str1);            /* 输出连接以后的字符串 */
}
```

本程序运行结果为：

```
Please enter 2 string:net work<回车>
Strcat string is network
```

解析：

为了与系统的 strcat( ) 函数有所区分，题解中使用的函数名是 _strcat( )。方法一使用指针移动处理字符串，方法二中的指针不移动，与数组的操作方法类似。

4. 函数的指针

【实例 8.7】设一个函数 process( )，在调用它的时候，每次实现不同的功能。输入 a 和 b 两个数，第一次调用 process( ) 时找出 a 和 b 中大者，第二次找出其中小者，第三次求 a 和 b 的和。

解：

```
#include <stdio.h>
void process(int x,int y,int(*fun)(int,int));
void main()
{
    int max(int,int);                              /* 函数声明 */
    int min(int,int);                              /* 函数声明 */
    int add(int,int);                              /* 函数声明 */
    int a,b;
    printf("enter a and b:");
    scanf("%d,%d",&a,&b);
    printf("max=");
    process(a,b,max);
    printf("min=");
    process(a,b,min);
    printf("sum=");
    process(a,b,add);
}
max(int x,int y)                                   /* 函数定义 */
{
    int z;
    if(x>y)z=x;
    else z=y;
    return(z);
}
min(int x,int y)                                   /* 函数定义 */
{
    int z;
    if(x<y)z=x;
    else z=y;
    return(z);
}
add(int x,int y)                                   /* 函数定义 */
{
```

```
    int z;
    z=x+y;
    return(z);
}
void process(int x,int y,int (*fun)(int,int))
                  /* 函数定义，int (*fun) (int, int) 表示 fun 是指向 */
                  /* 函数的指针，该函数是一个整型函数，有两个整型形参 */
{
    int result;
    result=(*fun)(x,y);
    printf("%d\n",result);
}
```

本程序运行结果为：

```
enter a and b:2,6
max=6
min=2
sum=8
```

解析：

在 main( ) 函数中第一次调用 process( ) 函数时，除了将 a 和 b 作为实参将两个数传给 process( ) 的形参 x，y 外，还将函数名 max 作为实参将其入口地址传给 process( ) 函数中的形参 fun（fun 是指向函数的指针变量）。这时，process( ) 函数中的 (*fun)(x,y) 相当于 max(x,y)，执行 process 可以输出 a 和 b 中大者。其他两次调用同理。

5. 返回指针值的函数

【实例 8.8】有若干学生的成绩（每个学生有四门课程），要求在输入学生序号以后，能输出该学生的全部成绩。用指针函数来实现。

解：

```
#include <stdio.h>
void main()
{
    float score[ ][4]={{60,70,80,90},{56,89,67,88},{34,78,90,66}};
    float *search(float(*pointer)[4],int n);
    float *p;
    int i,m;
    printf("enter the number of student:");
    scanf("%d",&m);
    printf("The scores of No.%d are :\n",m);
    p=search(score,m);
    for(i=0;i<4;i++)
        printf("%5.2f\t",*(p+i));
}
float *search(float(*pointer)[4],int n)
{
    float *pt;
    pt=*(pointer+n);
    return(pt);
}
```

本程序运行结果为：

```
enter the number of student:1<回车>
The scores of No.1 are:
56.00  89.00  67.00  88.00
```

解析：

学生序号是从 0 号算起的。函数 search( ) 被定义为指针函数，它的形参 pointer 是指向包含四个元素的一维数组的指针变量。pointer+1 指向 score 数组第一行。*(pointer+1) 指向第 1 行第 0 列元素。main( ) 函数调用 search( ) 函数，将 score 数组的首地址传给 pointer。m 是要查找的学生序号。调用 search( ) 函数后，得到一个地址，赋给 p。然后打印此学生的四门课的成绩。*(p+i) 表示此学生第 i 门课的成绩。

二、指针的高级应用

1. 指针数组

【实例 8.9】输入一个整型数，输出与该整型数对应的月份的英语名称。例如，输入 1，输出 Jan。

解：

```
#include "stdio.h"
char *month_name(int n);
void main()
{
   int n;
   printf("\nPlease enter 1 integer:");
   scanf("%d",&n);
   printf("%d month:%s\n",n,month_name(n));
}
char *month_name(int n)
{
   static char*name[]={"illegal month","Jan","Feb","Mar","Apr","May",\
                       "Jun","July","Aug","Sep","Oct","Nov","Dec"};
   return((n<1||n>12)?name[0]:name[n]);
}
```

本程序运行结果为：

运行情况一：

```
Please enter 1 integer:5<回车>
5 month :May
```

运行情况二：

```
Please enter 1 integer:20<回车>
20 month :illegal month
```

解析：

本题的解决方法非常简单，存储结构比较好，使用指针数组，将指针元素的下标和指针所指向的字符串对应起来。name[i] 指向的字符串就是第 i 个月的英语单词。超出范围的月份统一用 name[0] 所指的字符串 "illegal month" 表示。

2. 指向指针的指针

【实例 8.10】使用指向指针的指针。

解：

```
#include <stdio.h>
void main()
{
    char *name[ ]={"Follow","Basic","Great","Computer"};
    char **p;
    int i;
    for(i=0;i<4;i++)
    {
        p=name+i;
        printf("%s\n",*p);
    }
}
```

本程序运行结果为：

```
Follow
Basic
Great
Computer
```

解析：

p 是指向指针的指针变量，在第一次执行循环体时，赋值语句“p=name+i;”使 p 指向 name 数组的 0 号元素 name[0] 的值，即第一个字符串的起始地址，用 printf( ) 函数输出第一个字符串（格式符 %s）。依次输出四个字符串。

【实例 8.11】指针数组元素指向整型数据的简单例子。

解：

```
#include <stdio.h>
void main()
{
  static int a[5]={1,3,5,7,9};
  int *num[5]={&a[0],&a[1],&a[2],&a[3],&a[4]};
  int **p,i;
  p=num;
  for(i=0;i<5;i++)
  {
    printf("%d\t",**p);
    p++;
  }
}
```

本程序运行结果为：

```
        1        3        5        7        9
```

解析：

不能写成 int *num[5]={1,3,5,7,9};，指针数组只能存放地址。

3. void 指针类型

ANSI 新标准增加了一种 void 指针类型，即可定义一个指针变量，但不指定它是指向哪一种类型数据的。ANSI C 标准规定用动态存储分配函数时返回 void 指针，它可以用来指向一个抽象的类型数据，在将它的值赋给另一个指针变量时要进行强制类型转换使之适合于被赋值的变量类型。例如：

```
char *p1;
void *p2;
p1=(char *)p2;
```

同样，可以用 (void *)p1 将 p1 的值转换成 void * 类型。例如，p2=(void *)p1;，也可以将一个函数定义为 void * 类型，如 void *fun(char ch1,char ch2) 表示函数 fun( ) 返回的是一个地址，它指向"空类型"，如需要引用此地址，也需要根据情况对之进行类型转换，如对函数调用得到的地址要进行以下转换：

```
p1=(char *)fun(ch1,ch2)
```

小 结

指针是 C 语言中的一个重要概念，正确而灵活地运用它，可以有效地表示复杂的数据结构，能动态分配内存，能方便地使用字符串，能有效而方便地使用数组，调用函数时能得到多于一个的返回值，能直接处理内存地址等，这对设计系统软件是很必要的。

实战训练

一、选择题

1. 有以下程序：

```
#include <stdio.h>
void fun(char *t,char *s)
{  while(*t!=0)t++;
   while((*t++=*s++)!=0);
}
void main()
{  char ss[10]="acc",aa[10]="bbxxyy";
   fun(ss,aa); printf("%s,%s\n",ss,aa);
}
```

程序的运行结果是（　　）。

A. accxyy,bbxxyy　　B. acc,bbxxyy

C. accxxyy,bbxxyy　　D. accbbxxyy,bbxxyy

2. 对下述程序的判断中，正确的是（　　）。

```
#include "stdio.h"
void main()
{  char *p,s[128];
   p=s;
   while(strcmp(s,"End"))
   {  printf("请输入一个字符串：");
      gets(s);
      while(*p)
      putchar(*p++);
   }
}
```

A. 此程序循环接收字符串并输出，直到接收字符串 "End" 为止

B. 此程序循环接收字符串，接收到字符串 "End" 则输出，否则程序终止

C. 此程序循环接收字符串并输出，直到接收字符串 "End" 为止，但因为代码有错误，程序不能正常工作

D. 此程序循环接收字符串并将其连接在一起，直到接收字符串 "End" 为止，输出连接在一起的字符串

3. 若有定义 char *st= "how are you ";，则下列程序段中正确的是（　　）。

A. char a[11], *p; strcpy(p=a+1,&st[4]);　　B. char a[11]; strcpy(++a, st);

C. char a[11]; strcpy(a, st);　　D. char a[], *p; strcpy(p=&a[1],st+2);

4. 设 p1 和 p2 是指向同一个字符串的指针变量，c 为字符变量，则以下不能正确执行的赋值语句是（　　）。

A. c=*p1+*p2;　　B. p2=c;　　C. p1=p2;　　D. c=*p1*(*p2);

5. 有以下程序：

```
#include "stdio.h"
void main()
{  char ch[]="uvwxyz",*pc;
   pc=ch;printf("%c\n",*(pc+5));
}
```

程序运行后的输出结果是（　　）。

A. z　　B. 0

C. 元素 ch[5] 的地址　　D. 字符 y 的地址

6. 设有程序段 char s[]="china";char *p;p=s;，则下列叙述正确的是（　　）。

A. s 和 p 完全相同

B. 数组 s 中的内容和指针变量 p 中的内容相同

C. s 数组长度和 p 所指向的字符串长度相等

D. *p 与 s[0] 相等

7. 下列程序的运行结果为（　　）。

```
#include <stdio.h>
void abc(char*str)
{   int a,b;
    for(a=b=0;str[a]!='\0';a++)
        if(str[a]!='c')
            str[b++]=str[a];
        str[b]='\0';
}
void main()
{   char str[]="abcdef";
    abc(str);
    printf("str[]=%s",str);
}
```

A. str[]=abdef　　B. str[]=abcdef　　C. str[]=a　　D. str[]=ab

8. 下面程序的运行结果是（　　）。

```
#include "stdio.h"
#include "string.h"
void main()
{   char *s1="AbDeG";
    char *s2="AbdEg";
    s1+=2;s2+=2;
    printf("%d\n",strcmp(s1,s2));
}
```

A. 正数　　B. 负数　　C. 零　　D. 不确定的值

9. 下面程序段的运行结果是（　　）。

```
char *s="abcde";
s+=2;
printf("%s",s);
```

A. cde　　B. 字符 'c'

C. 字符 'c' 的地址　　D. 无确定的输出结果

10. 下面程序段的运行结果是（　　）。

```
char a[]="language",*p;
p=a;
while(*p!='u'){printf("%c",*p-32);p++;}
```

A. LANGUAGE　　B. language　　C. LANG　　D. langUAGE

11. 下面程序段的运行结果是（　　）。

```
char str[]="ABC",*p=str;
printf("%d\n",*(p+3));
```

A. 67　　B. 0　　C. 字符 'C' 的地址　　D. 字符 'C'

12. 下面程序段中，输出 * 的个数是（　　）。

```
char *s="\ta\018bc";
for(;*s!='\0';s++)printf("*");
```

A. 9　　B. 5　　C. 2　　D. 7

13. 下面说明语句中，语法不正确的是（　　）。

A. char a[10]="china";　　B. char a[10],*p=a;p="china";

C. char *a;a="china";　　D. char a[10],*p;p=a="china";

14. 以下程序的输出结果是（　　）。

```
#include <stdio.h>
void main()
{  char  s[]="123",*p;
   p=s;
   printf("%c",*p++);
   printf("%c",*p++);
   printf("%c\n",*p++);
}
```

A. 123　　B. 321　　C. 213　　D. 312

15. 有下面程序段：

```
#include <stdio.h>
#include "string.h"
void main()
{  char a[3][20]={{"china"},{"isa"},{"bigcountry!"}};
   char k[100]={0},*p=k;
   int i;
   for(i=0;i<3;i++)
      {strcat(p,a[i]);}
   i=strlen(p);
   printf("%d\n",i);
}
```

则程序段的输出结果是（　　）。

A. 18　　B. 19　　C. 20　　D. 21

16. 有以下函数：

```
int aaa(char *s)
{  char *t=s;
   while(*t++);
   t--;
   return(t-s);
}
```

以下关于 aaa( ) 函数的功能的叙述正确的是（　　）。

A. 求字符串 s 的长度　　B. 比较两个串的大小

C. 将串s复制到串t　　D. 求字符串s所占字节数

17. 以下函数的功能是（　　）。

```
#include <stdio.h>
int fun(char *s)
{   char *t=s;
    while(*t) ++t;
    return(t-s);
}
```

A. 比较两个字符串的大小　　B. 计算s所指字符串占用内存字节的个数

C. 计算s所指字符串的长度　　D. 将s所指字符串复制到字符串t中

18. 以下程序的运行结果是（　　）。

```
#include "stdio.h"
void main()
{   char str[]="tomeetme",*p;
    for(p=str;p<str+7;p+=2) putchar(*p);
    printf("\n");
}
```

A. tomeetme　　B. tmem　　C. oete　　D. tome

19. 指针pstr所指字符串的长度为（　　）。

```
char *pstr="\t\"1234\\abcd\n";
```

A. 15　　B. 14　　C. 13　　D. 12

二、判断题

1. 指针不允许进行乘、除运算。（　　）
2. 移动指针时，不允许加上或减去一个非整数。（　　）
3. 设有定义int (*ptr)[10];，其中的ptr是一个指向具有10个元素的一维数组的指针。（　　）
4. 设有定义int *p[4];，其中的p是指向一维数组的指针变量。（　　）
5. 语句int *pt中的*pt是指针变量名。（　　）
6. 设有定义语句int (*p)(int);, 则p是指向函数的指针变量，该函数具有一个int类型的形参。（　　）
7. 语句char *p[10]; 声明了一个指向含有10个元素的一维字符型数组的指针变量p。（　　）
8. 指针变量和一般变量一样，存放在它们之中的值是可以改变的。（　　）
9. 指针和整数相加减可以移动指针，这种移动指的是内存地址的变化，而不是真的有一个指针在内存中移动。（　　）
10. 取地址运算（&）的操作数可以是一个变量，也可以是一个常量，但不能是表达式。（　　）
11. 取地址运算（&）是一个单目运算符，它返回变量的地址。（　　）
12. 取内容运算符*p与定义指针变量时使用的*p含义不同。（　　）

三、填空题

1. 已定义 int a[10]，*p1=a，*p2=&a[3];，如果进行指针变量的比较，则 p1________p2。
2. 下面一段程序的功能是计算 6 的阶乘，并将结果保存到变量 s 中。

```
int a=1,s=_______;
for(;s*=a,++a<=6;);
```

3. 执行以下程序段后，s 的值是________。

```
int a[]={1,2,3,4,5,6,7,8},s=0,k;
for(k=0;k<8;k+=2)
s+=*(a+k);
```

4. 取地址符（&）不能用于表达式、寄存器变量和________。
5. 设有 int a[10],*pa=a;，那么 *(a+i)、*(pa+i)、________都和 a[i] 等价。
6. 设有 int a[10],*pa=a;，那么 a+i、________和 &a[i] 等价。
7. 将数组 a（无论 a 是几维数组）的首地址赋给指针变量 p 的语句是________。
8. C 语言中，数组名是一个不可变的________常量，不能对它进行加、减和赋值运算。
9. 变量的指针就是该变量的________。
10. 下面程序段的输出结果是________。

```
char s[8]="ABCD",*p=s;
*++p='E';
printf("%s",p);
```

11. 下面程序段的输出结果是________。

```
int a[3]={1,2,3},(*p)[3]=&a;
*(p[0]+1)=6;
printf("%d%d%d",a[0],a[1],a[2]);
```

12. 下面程序段的输出结果是________。

```
char s[3][10]={"SUNDAY","MONDAY","TUESDAY"};
printf("%s",s[1]+2);
```

13. 下面程序段的输出结果是________。

```
int a=6,*p=&a;
printf("%d",(*p)+3);
```

14. 下面程序段的输出结果是________。

```
int a[3]={2,4,6},*p=a+1;
printf("%d",*--p);
```

15. 下面程序段的输出结果是________。

```
int x[2][3]={1,2,3,4,5,6},*p;
p=x+1;
printf("%d",p[2]);
```

16. 下面是函数 f( ) 的原型说明，函数 f( ) 有一个参数，该参数是一个指向具有________个元素的 int 型数组的指针。

```
void f(int(*p)[3]);
```

17. 下面是指针变量 p 的定义语句，p 指向的数组有________个 int 型元素。

```
int (*p)[2][3][4];
```

18. 设有以下定义的语句：

```
int a[3][2]={10,20,30,40,50,60},(*p)[2];
p=a;
```

则 *(*(p+2)+1) 值为________。

19. 执行定义和语句 char s[3]="ab",*p;p=s; 后，*(p+2) 的值是________。

20. 若有以下定义和语句：

```
int a[4]={0,1,2,3},*p;
p=&a[2];
```

则 *--p 的值是________。

21. 若有定义 int a[3][2]={2,4,6,8,10,12};，则 *(a[1]+1) 的值是________。

22. 若有以下定义和语句：

```
int a[5]={1,3,5,7,9},*p;
p=&a[2];
```

则 ++(*p) 的值是________。

23. 执行下列程序段后 *(p+1) 的值是________。

```
char s[3]="ab",*p;
p=s;
```

24. 有如下语句：

```
int a=10,b=20,*p1,*p2;
p1=&a;
p2=&b;
```

若要让 p1 也指向 b，可选用的赋值语句是________。

25. 下面程序段的运行结果是________。

```
char a[]="language",*p;
```

```
p=a;
while(*p!='u')
{printf("%c",*p); p++;}
```

26. 下面字符串的长度为________。

```
char *s="\xabc\107\\a\"";
```

27. 定义一指向整型数据的指针变量 p 的语句是________。

28. 指针是一种特殊的，同时又是具有重要作用的数据类型。其值用来表示某个量在内存储器中的________。

29. 通过指针访问它所指向的一个变量是以间接访问的形式进行的，所以比________访问一个变量要费时间。

30. ________法，即用 a[i] 形式访问数组元素。

31. 空指针是由对指针变量赋予________值而得到的。

四、程序填空题

1. 通过键盘输入一个整数 x，输出能整除 x 且不是偶数的各整数。

```
#include <stdio.h>
void fun(int x,int pp[],int *n)
{  int i,j=0;
   for(i=1;i<x;i=i+2)
      if(x%i==0)
      /***********FILL***********/
      pp[j++]=_________;
      /***********FILL***********/
      *n=_________;
}
void main()
{  int x;
   int aa[1000],n,i;
   printf("\nPlease enter an integer number:\n");
   scanf( “%d” ,&x);
   /***********FILL***********/
   fun(x,_________,&n);
   for(i=0;i<n;i++)
   printf( “%d  “,aa[i]);
   printf("\n");
}
```

2. 编写函数，求一个字符串的长度，在 main( ) 函数中输入字符串，并输出其长度。

```
#include <stdio.h>
void main()
{  int len;
   char str[20];
   printf("please input astring:\n");
   scanf("%s",str);
   /***********FILL***********/
```

```
    len=length(________);
    printf("the string has %d characters",len);
}
length (char *p)
{   int n;
    n=0;
    /**********FILL**********/
    while(________)
    { n++;
       /**********FILL**********/
       ________;
    }
    return n;
}
```

3. 下面程序的功能是：将一个字符串下标为m的字符开始的全部字符赋值成为另一个字符串。

```
#include <stdio.h>
void strcopy(char *str1,char*str2,int  m)
{   char  *p1,*p2;
    /**********FILL**********/
    ________;
    p2=str2;
    while(*p1)
    /**********FILL**********/
    ________;
    *p2='\0';
}
void main()
{   int i,m;
    char str1[80],str2[80];
    gets(str1);
    /**********FILL**********/
    scanf("%d",________);
    strcopy(str1,str2,m);
    puts(str2);
}
```

4. 编写程序，在主函数中输入10个数并保存到数组，同时编写一个被调用函数funct( )，函数funct( )有两个形式参数（其中一个用于接收数组，另一个表示该数组的元素个数），funct( )函数的功能是找出该数组中的最大值的位置，并将该最大值的地址作为函数funct( )的返回值到主函数中。在主函数中打印出该数组的最大值。

```
#include <stdio.h>
int *funct(int *array,int n);
void main()
{   int data[10],j,*p;
    printf("Input 10 integers\n");
    for(j=0;j<10;j++)
       /**********FILL**********/
       scanf("%d",________);
    /**********FILL**********/
```

```
    p=funct(__________);
    printf("The MAX is:\n%d",*p);
}
int *funct(int *array,int n)
{   int max,j,*p,position=0;
    max=*array;
    p=array;
    for(j=1;j<n;j++)
    {   if(max<*(p+j))
        {   max=*(p+j);
            /***********FILL***********/
            position=          ;
        }
    }
    return(p+position);
}
```

5. 编写程序，设置一个排序函数 sort( )，该函数将数组按照从小到大的顺序进行排序，其中有两个形式参数，一个为指向数组的指针 p，另一个为数组的元素个数 n。在主函数 main( ) 中要求从键盘输入 10 个数存入数组 data[10] 中，同时要求调用函数 sort( ) 对 data 进行排序，并在 main( ) 中输出最终的排序结果。

```
#include <stdio.h>
void main()
{   int i,data[10];
    printf("\nInput 10 integer\n");
    for(i=0;i<10;i++)
        scanf("%d",&data[i]);
    printf("The Old Values are:\n");
    for(i=0;i<10;i++)
        printf("%d",data[i]);
    printf("\n");
    sort(data,10);
    printf("The New Values are:\n");
    for(i=0;i<10;i++)
        printf("%d ",data[i]);
}
sort(int *p,int n)
{   int i,j,temp;
    /***********FILL***********/
    for(i=0;i<          ;i++)
        for(j=i+1;j<n;j++)
            /***********FILL***********/
        if(          >*(p+j))
    {  temp=*(p+i);
        /***********FILL***********/
        *(p+i)=          ;
        *(p+j)=temp;
        }
}
```

五、程序改错题

1. 函数 fun( ) 的功能是：将长整数中每一位上为偶数的数依次取出，构成一个新数放在 t 中。

高位仍在高位，低位仍在低位。

例如，当 s 中的数为 87654 时，t 中的数为 864。

```
#include <conio.h>
#include <stdio.h>
void fun(long s,long *t)
{  int d;
   long sl=1;
   *t=0;
   while(s>0)
   {  d=s%10;
      /**********ERROR**********/
      if(d%2=0)
      /**********ERROR**********/
      {   *t=d*sl+t;
          sl*=10;
          }
          /**********ERROR**********/
          s\=10;
   }
}
void main()
{  long s,t;
   printf("\nplease enters:");
   scanf("%ld",&s);
   fun(s,&t);
   printf("%ld,%ld",s,t);
}
```

2. 将一个字符串中的大写字母转换成小写字母。例如，输入 aSdFG 输出为 asdfg。

```
#include <stdio.h>
char fun(char *c)
{  if(*c<'Z'&&*c>='A')*c-='A'-'a';
   /**********ERROR**********/
   fun=c;
}
void main()
{
   char s[81];
   /**********ERROR**********/
   char *p=&s;
   gets(s);
   while(*p)
   {  *p=fun(p);
      /**********ERROR**********/
      puts(*p);
      p++;
   }
   putchar('\n');
}
```

3. 用指针作为函数参数，编写程序，求一维数组中的最大元素值和最小元素值。

```
#include <stdio.h>
#define N 10
void maxmin(int arr[ ],int *pt1,int *pt2,int n)
{  int i;
   /**********ERROR**********/
   *pt1=*pt2=&arr[0];
   for(i=1;i<n;i++)
   /**********ERROR**********/
   {  if(arr[i]<*pt1)*pt1=arr[i];
      { if(arr[i]<*pt2)*pt2=arr[i];
      }
   }
}
void main()
{  int array [N]={10,7,19,29,4,0,7,35,-16,21},*p1,*p2,a,b;
   /**********ERROR**********/
   *p1=&a;*p2=&b;
   maxmin(array,p1,p2,N);
   printf("max=%d,min=%d",a,b);
}
```

4. 编写函数，该函数可以统计一个长度为 3 的字符串在另一个字符串中出现的次数。例如，假定输出的主字符串为 asdasasdfgasdaszx67asdmklo，子字符串为 asd，则应输出 n=4。

```
#include <stdio.h>
#include <string.h>
#include <conio.h>
int fun(char *str,char *substr)
{
   /**********ERROR**********/
   int i,n=0
   /**********ERROR**********/
   for(i=0;i<strlen(str);i++)
      if((str[i]==substr[0])&&(str[i+1]==substr[1])
         &&(str[i+2]==substr[2]))
      /**********ERROR**********/
         ++i;
      return n;
}
void main()
{  char str[81],substr[4];
   int n;
   printf("输出主字符串：");  gets(str);
   printf("输出子字符串：");  gets(substr);
   puts(str);
   puts(substr);
   n=fun(str,substr);
   printf("n=%d\n",n);
}
```

5. 以下程序利用指针把两个数按由大到小的顺序输出。

```
#include <stdio.h>
swap()
{  int p,a,b;
   int *p1,*p2;
   printf("input a,b:");
   /**********ERROR**********/
   scanf("%d%d",a,b);
   /**********ERROR**********/
   *p=&a;*p=&b;
   if(*p1<*p2)
      p=*p1;*p1=*p2;*p2=p;
   /**********ERROR**********/
   printf("max=%d,min=%d\n",p1,p2);
}
void main()
{
   swap();
}
```

六、程序设计题

1. 编写程序，计算一个字符串的长度。

2. 编写程序，用 12 个月份的英文名称初始化一个字符指针数组，当键盘输入整数为 1 ~ 12 时，显示相应的月份名，键入其他整数时显示错误信息。

3. 编写程序，将字符串 computer 赋给一个字符数组，然后从第一个字母开始间隔地输出该字符串。用指针完成。

4. 编写程序，将字符串中的第 m 个字符开始的全部字符复制成另一个字符串。要求在主函数中输入字符串及 m 的值并输出复制结果，在被调函数中完成复制。

5. 编写程序，通过指针数组 p 和一维数组 a 构成一个 3 × 2 的二维数组，并为 a 数组赋初值 2，4，6，8，…。要求先按行的顺序输出此二维数组，然后按列的顺序输出。

6. 编写程序，从键盘输入 10 个数存入数组 data[10] 中，同时设置一个指针变量 p 指向数 data，然后通过指针变量 p 对数组按照从小到大的顺序排序，最后输出其排序结果。

第9章

自己定义数据类型完成复杂数据处理

前面的数组是具有相同数据类型的数据的集合体。C语言还提供了一种称为“结构体”的构造类型的数据结构，它能将一定数量的不同类型的成分组合在一起，构成一个有机的整体。“共用体”也是构造类型的数据结构，它能使多个不同类型的变量共用同一内存块。在实用程序开发中，结构体和共用体具有广泛的应用。本章将全面讨论结构体和共用体的特性及其使用方法，包括结构体类型、变量及数组的应用，结构体指针、指针链表处理，结构体与函数参数，共用体、枚举类型及自定义类型的应用等。通过对上述问题的了解，使读者对结构体和共用体有一个比较全面的认识，提高程序设计能力。

实训目标

通过本章学习，你将能够：

☑ 使用结构体类型、结构体变量、结构体数组。

☑ 使用结构体指针，并处理指针链表。

☑ 使用结构体作为函数的参数。

☑ 初步使用共用体、枚举类型及自定义类型。

知识要点

结构体：不同类型的多个变量(有内在的联系)的描述。

结构体的定义：

方法一：定义类型

```
struct 结构体名
{   类型一  成员 1;
    类型二  成员 2;
    类型三  成员 3;
    …     };
```

方法二：定义类型和变量

```
struct 结构体名
{   类型一  成员 1;
    类型二  成员 2;
    类型三  成员 3;
    …     }变量表；
```

方法三：直接定义结构型变量

```
struct
{   类型一  成员 1;
    类型二  成员 2;
    类型三  成员 3;
    …     }变量表；
```

结构体的嵌套定义：

```
struct 结构体名
{   类型 1  成员 1;
    类型 2  成员 2;
struct 另一结构名 本成员名;
    类型 3  成员 n;
}变量名表列；
```

结构体成员的访问：

```
结构体变量名 . 成员名
```

其中的“.”为结构体成员运算符。

对结构体变量的整体操作：要对结构体进行整体操作有很多限制，C 语言中能够对结构体进行整体操作的运算不多，只有赋值“=”和取地址“&”操作。

思想启蒙

用辩证发展原理看问题，正确理解实践和认识、整体和部分的辩证关系。

实 例 解 析

一、结构体类型、变量及数组的应用

1. 结构体类型及变量的应用

【实例 9.1】定义一个结构体类型，并用它定义相应的变量表示学生的学籍信息，从而进行简单的学籍管理。

解：

```
#include <stdio.h>
```

```
struct student                              /* 定义一种数据类型，student 为结构体 */
{                                           /* 说明结构体 student 的具体内容 */
    int num;                                /* 定义一个整型变量表示学号 */
    char *name;                             /* 定义一个指针变量表示姓名 */
    int age;                                /* 定义一个整型变量的年龄 */
    char sex;                               /* 定义一个字符型变量表示性别 */
    float score;                            /* 定义一个单精度浮点型变量表示分数 */
};
void main()                                 /* 主函数 */
{   struct student st1,st2;                 /* 定义 st1、st2 为 student 类型 */
    st1.num=9901;                           /* 给变量 st1 的 num 成员赋值 */
    st1.name="zhangli";                     /* 给变量 st1 的 name 成员赋值 */
    st1.sex='m';                            /* 给变量 st1 的 sex 成员赋值 */
    st1.age=23;                             /* 给变量 st1 的 age 成员赋值 */
    st1.score=92.5;                         /* 给变量 st1 的 num 成员赋值 */
    st2.num=9902;                           /* 给变量 st2 的成员赋值 */
    st2.name="wangwu";
    st2.sex=' f' ;
    st2.age=22;
    st2.score=94.5;
    printf("num---name-----sex-age-score\n");       /* 输出表头 */
    printf("%-6d%-9s%-4c%-4d%-5.1f\n",st1.num,st1.name,st1.sex,st1.age,st1.score);
                                                    /* 输出变量 st1 的值 */
    printf("%-6d%-9s%-4c%-4d%-5.1f\n",st2.num,st2.name,st2.sex,st2.age,st1.score);
                                                    /* 输出变量 st2 的值 */
}
```

本程序运行结果为：

```
num---name-----sex-age-score
9901  zhangli   m   23  92.5
9902  wangwu    f   22  94.5
```

解析：

（1）学生的学籍信息包括学号、姓名、年龄、入学成绩等多项不同类型的数据，把这些数据组合在一起，用一种数据类型来表示，就要考虑用结构体类型。其算法为：首先定义结构体类型，然后定义这种类型的变量，并在程序中给变量赋值，然后输出变量的值。

（2）使用结构体类型来处理上面的问题是很适合的，在使用时，初学者容易犯一些错误，这里列举出来，以起到提醒的作用。

① 忘记结构体类型定义必须以分号结尾，如 struct student {int num;float core; }; 错误地写成 struct student {int num; float score; }。

② 错误地只使用逗号作为定义结构体类型中不同类型的成员的分隔符，如 struct student {int num; float score;}; 错误地写成 struct student {int num, float score; };。

③ 错误地使用 struct 或 student 来定义结构体变量，如 struct student st1, st2; 错误地写成 struct st1, st2; 或 student st1, st2;。

2. 结构体数组的应用

【实例 9.2】记录三个学生的基本数据，包括姓名和学号，把第一个学生的名及第二个学生的首字母输出。

解：

```
#include <stdio.h>
struct sampl{char name[10];int number;};
/* 定义 struct sampl 类型 */
struct sampl test[3]={{"WangBing",10},{"LiYun",20},{"HuangHua",30}};
/* 给 struct sampl 类型的数组 test 赋值 */
void main()
{
   printf("%c%s\n",test[1].name[0],test[0].name+4);
   /* 输出 test 数组的第二个元素的 name*/
   /* 成员的首字母和第一个元素的 name*/
   /* 成员的从第五个字母到该字符串结束 */
}
```

本程序运行结果为：

```
Lbing
```

解析：

(1) 这道题可以使用结构体数组来做，因为这三个学生要记录的数据都是关于姓名和年龄的。其算法为：首先定义结构体类型，然后定义这种类型的数组，并在程序中给数组元素赋值，然后输出数组元素中姓名成员的值（按照题目的要求输出）。

(2) 使用结构体数组来处理上面的问题是很适合的，在使用时，初学者容易犯一些错误，这里列举出来，以起到提醒的作用。

① 常忘记给结构体数组赋值是要每个元素由该类型组成，如 struct sampl test[3]={{"WangBing", 10},{"LiYun", 20},{"HuangHua", 30}}; 错误地写成 struct sampl test[3]={"WangBing", "LiYun", "HuangHua", 10, 20, 30};。

② 错误地以结构体数组元素名来引用结构体数组元素的值，如把 test[1].name 错误地写成 test[1]。

二、结构体指针与指针处理链表

1. 结构体指针

【实例 9.3】分析下面的程序：

```
#include <stdio.h>
struct s
{int x,y;}data[2]={10,100,20,200};   /* 定义 struct s 类型的同时定义了数组 data*/
/* 它有两个元素，并赋了值 */
void main()
{ struct s *p=data;                  /* 定义了指向结构体数组的指针变量 p*/
   printf("%d\n",++(p->x));          /* 通过指针变量引用结构体数组元素的成员 */
}
```

本程序运行结果为：

```
11
```

解析：

（1）本题通过指针引用变量，为引用结构体变量的成员提供了另一种方法。如果定义了指向结构体的指针变量，还可以通过给其分配空间来使指针变量有值，即可以直接使用指针。

（2）指向结构体的指针使用灵活，可是初学者还是容易犯一些错误，这里列举出来，以起到提醒的作用。

① 忘记给指针赋值（或误以为只要指针定义为结构体类型就指向定义的变量或数组了），如将 struct s *p=data; 写成 struct s *p;，就错误地使用 p 来引用数组 data 元素的成员。

② 错误使用运算符，如 printf("%d\n",++(p->x)); 错写成 printf("%d\n",++(p.x));。

2. 指针处理链表

【实例 9.4】设计一个由两个结点组成的单链表，结点由两个整型的数据和指针数据组成。

解：

```
#include <stdio.h>
struct HAR
{ int x,y;struct HAR *p;
} h[2];                           /* 定义了 struct HAR 类型的数组 h*/
void main()
{  h[0].x=1;h[0].y=2;             /* 给数组 h 的第一个元素的前两个成员赋值 */
   h[1].x=3;h[1].y=4;             /* 给数组 h 的第二个元素的前两个成员赋值 */
   h[0].p=&h[1].x;                /* 给数组 h 的第一个元素的最后一个成员赋值，*/
                                  /* 使其指向第二个元素 */
   h[1].p=&h[0].x;                /* 给数组 h 的第二个元素的最后一个成员赋值，*/
                                  /* 使其指向第一个元素，此时形成了一个简单的静态链表 */
   printf("%d %d\n",(h[0].p)->x,(h[1].p)->y);
                                  /* 利用自身的结构体指针引用下一个元素的成员 */
}
```

本程序运行结果为：

```
3 2
```

解析：

（1）这道题目涉及指针处理链表，属于静态链表，结点包含了两种不同的数据类型，应使用结构体类型。其算法为：首先定义结构体类型，然后定义这种类型的含有两个元素的数组，并在程序中给数组元素赋值，然后使该数组的第一个元素指向第二个元素，第二个元素指向第一个元素，利用指针输出数组元素中成员的值（检查链表）。

（2）使用结构体类型及指针来处理上面的问题是很适合的，在使用时，初学者容易犯一些错误，这里列举出来，以起到提醒的作用。

① 将结构体成员是指针变量与结构体指针变量混淆，如将 struct HAR {int x, y; struct HAR *p;} h[2]; 错误地写成 struct HAR{ int x,y;} *p,h[2]; 来建链表。

② 将链表的环路误认为是必须自己存自己的地址，如将 h[0].p=&h[1].x; 错误地写成 h[0].p=&h[0].x; 来构建链表。正确的思想是把它的下一个元素的地址给它的自身的指针变量成员，这样一个接上一个，才是我们需要的链表。

【实例 9.5】编一个能对动态单向链表进行建立、输出、查找、插入、删除及释放操作的程序。

解：

```
/* 建立动态单向链表，结点的类型如下 */
struct student                          /* 定义链表结构 */
{  int no;                              /* 学号 */
   int score;                           /* 成绩 */
   struct student *next;
};
/* 以下函数 creat() 用于建立一个链表，其表头结点指针是 head，它是一个全局变量 */
#include <stdio.h>
#define NULL 0
#define LEN sizeof(struct student)
struct student *head;
struct student *creat()                 /* 产生一个链表，头指针为 head*/
{  struct student *p,*q;
   int n,i;
   printf("how many:");                 /* 学生人数 */
   scanf("%d",&n);
   for(i=0;i<n;i++)
   {  p=(struct student *)malloc(LEN);
      printf("NO:");scanf("%d",&p->no);                 /* 学号 */
      printf("score:");scanf("%d",&p-> score);          /* 成绩 */
      if(i==0)head=p;
      else q->next=p;
      q=p;
   }
   p->next=NULL;
   return(head);                                  /* 返回头指针 */
}
/* 以下函数 print() 用于输出由表头指针 head 指向的链表 */
print(struct student *head)
{  struct student *p;
   p=head;
   while(p!=NULL)
   {  printf("%d %d\n",p->no,p->score);
      p=p->next;
   }
}
/* 以下函数 find() 用于在由表头指针 head 指向的链表中查找学号等于 n 的结点 */
void find(struct student * head)
{  int n;
   struct student *p;
   printf("enter No:");                          /* 输入学号 */
   scanf("%d",&n);
   p=head;
   while(p!=NULL&& p->no!=n)
   p=p->next;
   if(p!=NULL)printf("%d %d\n",p->no,p->score);
   else printf("not find %d student\n",n);
                                                 /* 不存在该学号的学生 */
}
/* 以下函数用于在由表头指针 head 指向的链表中的第 i 个结点之后插入一个结点 p*/
struct student *insert(struct student *head)
```

```
{  int i,j;
   struct student *p,*q;
   printf("enter int i(i>0):");                       /* 输入正整数 i*/
   scanf("%d",&i);
   p=(struct student *)malloc(LEN);
   printf("NO:"); scanf("%d",&p->no);
   printf("score:");scanf("%d",&p->score);
   if(i==0)                        /*i=0 表示插入的结点作为该链表的第一个结点 */
   {  p->next=head;
      head=p;
   }
   else
   {  q=head;
      for(j=1;j<i;j++)q=q->next;                 /* 找到第 i 个结点，由 q 指向 */
      if(q!=NULL)
      {  p->next=q->next;
         q->next=p;
      }
      else printf("i too biger\n");
}
return(head);                                    /* 返回头指针 */
}
/* 以下函数用于在由表头指针 head 指向的链表中删除第 i 个结点 */
struct student *delete(struct student *head)
{struct student *p,*q;
int i,j;
printf("enter int i(i>0):");                     /* 输入正整数 i*/
scanf("%d",&i);
if(i==1)                                         /* 删除表头结点 */
{  p=head;
   head=head->next;
   free(p);
}
else
{  q=head;
   for(j=1;j<i-1;j++)q=q->next;
                                          /* 找到第 i-1 个结点，由 q 指向 */
    if(q!=NULL)
    {  p=q->next;                         /*p 指向要删除的结点 */
       q->next=p->next;                   /* 从链表中删除结点 p*/
       free(p);
    }
    else printf("i too biger\n");
    }
   return(head);                                 /* 返回头指针 */
}
/* 以下函数 flist() 释放由表头指针 head 指向的链表 */
flist(struct student *head)
{  struct student *p;
   while(head!=NULL)
   {  p=head;
      head=head->next;
      free(p);
   }
```

```
    printf("nothing\n");
}
void main()                                    /* 主函数 */
{   struct student * head;
    head=creat();                              /* 调用 creat() 函数建立链表 */
    print(head);
    find(head);
    head=insert(head);
    print(head);
    head=delete(head);
    print(head);
    flist(head);
}
```

本程序运行结果为：

```
how many: 2< 回车 >                            (输入学生人数为 2)
NO: 01< 回车 >                                 (以下为输入这两名学生的信息)
score: 90< 回车 >
NO: 04< 回车 >
score: 96< 回车 >
1  90< 回车 >                                  (输出链表信息)
4  96< 回车 >
enter No: 04< 回车 >                           (输入要查找的学生的学号)
4  96< 回车 >                                  (输出该学生的信息)
enter int i(i>0): 1< 回车 >                    (输入要插入的位置在第一个结点之后)
NO: 02< 回车 >                                 (以下是输入要插入学生的信息)
score: 91< 回车 >
1  90< 回车 >                                  (输出链表信息)
2  91< 回车 >
4  96< 回车 >
enter int i(i>0): 2< 回车 >                    (输入要删除结点的位置)
1  90< 回车 >                                  (输出链表信息)
4  96< 回车 >
nothing                                        (链表已释放完毕)
```

解析：

（1）建立单向链表的主要操作步骤：①读取数据；②生成新结点；③数据存入结点数据域成员变量中；④将新结点插入链表中。

（2）输出链表的步骤：①知道链表第一个结点的地址；②设一个指针变量，它指向第一个结点，并且输出所指向的结点；③将指针后移一个结点；④直到输出最后一个结点，也就是指针指向链表的尾结点。

（3）查找链表的步骤：①知道链表第一个结点的地址；②设一个指针变量，使其指向第一个结点；③将输入值与结点的数据比，不等于就将指针后移一个结点，等于就停止查找，输出该结点的值；④直到查找到最后一个结点，也就是指针指向链表的尾结点，表示没有找到。

（4）插入一个结点的操作步骤：①查找到欲插入的位置（也可指定位置），移动的时候要看是不是在表头或表尾；②使欲插入的位置的前驱结点存储欲插入结点的地址，而它则存储后继结点的地址。如果要插入多个结点，要有分配空间的处理。

(5) 删除一个结点的操作步骤：①查找到欲删除的结点（也可指定位置）；②分别保存要删除结点的前驱和后继地址；③把后继地址赋给前驱的指针项；④释放当前删除结点的内存。

(6) 释放链表的结点和输出类似，即便不输出，也是对于每一个结点都释放。

三、结构体与函数参数

【实例 9.6】分析下面的程序：

```
#include <stdio.h>
struct n{int x;char c;};                    /*定义 struct n 类型*/
void main()
{ struct n a={10,'x'};                      /*定义 struct n 类型的变量 n，并给其赋值*/
   func(a);                                 /*调用 func() 函数，实参为结构体变量 a*/
   printf("%d,%c",a.x,a.c);                 /*输出结构体变量 a 的各个成员的值*/
}
func(struct n b)          /*定义 func() 函数，形参结构体变量 b 得到实参结构体变量 a 的值*/
{b.x=20;b.c='y';}                           /*形参 b 的值发生变化，但不会影响实参 a 的值*/
```

本程序运行结果为：

```
10,x
```

解析：

函数的参数传递分为“值传递”和“地址传递”，本题是“值传递”，也就是实参向形参的单向值传递。

【实例 9.7】编写程序，利用指向结构体的指针，实现输入三个学生的学号、数学期中和期末成绩，然后计算其平均成绩并输出成绩表。利用子函数实现求平均成绩，输入/输出由主函数实现。

解：

```
#include <stdio.h>
struct stu
{ int num;
   int mid;
   int end;
   int ave;
} s[3];                                         /*定义结构体数组 s*/
void aver(struct stu a[],int n)                 /*定义求分均数函数 aver()*/
{  struct stu *p;
   for(p=a;p<a+n;p++)
   {p->ave=(p->mid+p->end)/2;}
}
void main()
{  struct stu *p;
   for(p=s;p<s+3;p++)
   {  printf("enter num mid end:\n");
      scanf("%d,%d,%d",&(p->num),&(p->mid),&(p->end));
   }
   aver(s,3);                                   /*调用求分均数函数 aver()*/
   for(p=s;p<s+3;p++)
   {  printf("putout num mid end ave:\n");
```

```
        printf("%d,%d,%d,%d\n",p->num,p->mid,p->end,p->ave);
    }
}
```

本程序运行结果为：

```
enter num mid end:
1,90,80
enter num mid end:
2,95,85
enter num mid end:
3,70,60
putout num mid end ave:
1,90,80,85
putout num mid end ave:
2,95,85,90
putout num mid end ave:
3,70,60,65
```

解析：

本题的算法设计如下：首先，由于每个学生的信息都用结构体记录，那么应该使用结构体数组，指针指向的也应该是结构体数组。然后，子函数应该是处理这个结构体数组，应该是“地址传递”后算平均成绩。最后，主函数使用结构体指针输出这个结构体数组。

四、共用体、枚举类型及自定义类型的应用

1. 共用体的应用

【实例 9.8】利用共用体解决学生数据和教师数据同时处理的问题。假设有若干人员的数据，其中有学生和教师。学生的数据包括姓名、学号、性别、专业、班级；教师的数据包括姓名、编号、性别、专业、职务。要求输入人员的数据，按同一种数据类型变量存储一个人的数据，然后再按指定的格式输出。

解：

```
#include <stdio.h>
struct st_teacher                      /* 定义一个师生共用结构体类型 */
{   int num;
    char name[10];
    char sex;
    char speciality;
    union                              /* 共用部分定义为共用体类型 */
    {   int class;                     /* 学生用的班级变量 */
        char position[10];             /* 教师用的职务变量 */
    }cate;                             /* 定义一个共用体变量 */
};
void main()                            /* 主函数 */
{   struct st_teacher person[3];       /* 定义一个结构体数组 */
    int i;
    for(i=0;i<3;i++)                   /* 利用循环对结构体数组赋值 */
        printf("enter num sex spec name:\n");
```

```
        scanf("%d,%c,%c,%s",&person[i].num,&person[i].sex,\
        &person[i].speciality,person[i].name);
        printf("enter class/position:\n");
        if(person[i].speciality=='s')                    /* 判断如果是学生，则输入职务 */
           scanf("%d",&person[i].cate.class);
        else if(person[i].speciality=='t')               /* 如果是教师，则输入职务 */
           scanf("%s",person[i].cate.position);
        else printf("Input Error!");
     }
     printf("\n");                                       /* 开始输出结果 */
     printf("NO.Name sex speciality class/position\n");
     for(i=0;i<3;i++)                                    /* 利用循环进行结构体数组的输出 */
     {  printf("%-6d",person[i].num);
        printf("%-10s",person[i].name);
        printf("%-3c",person[i].sex);
        printf("%-3c",person[i].speciality);
        if(person[i].speciality=='s')
           printf("%-6d",person[i].cate.class);
        else
           printf("%-6s",person[i].cate.position);
        printf("\n");
     }
}
```

本程序运行结果为：

```
enter num sex spec name:
12,f,s,王丽
enter class/position:
99101
enter num sex spec name:
2,m,t,张军
enter class/position:
教师
enter num sex spec name:
16,f,s,李芸
enter class/position:
99102
NO.     Name        sex    speciality    class/position
12      王丽        f      s             99101
2       张军        m      t             教师
16      李芸        f      s             99102
```

解析：

（1）师生数据各为 5 项，姓名、性别、专业 3 项数据相同，学号和编号的性质也相同，所以这 4 项数据的表示学生和教师是一样的。班级用数字来表示，如 9901 班、0311 班等；职务则用字符来表示。显然，师生的数据类型不相同，但题目要求用同一种数据类型的变量来存储一个人的数据，所以必须用共同体类型来表示。

（2）下面将初学者容易犯的错误列举出来，以起到提醒的作用。

① 共用体的关键字是 union，和结构体类似，不可以将 union 当变量来使用，本题 cate 才是共

用体变量。

② 定义共用体类型结束要有分号，如union {int class; char position[10]; }cate;不能写成union {int class; char position[10]; }cate。

③ 不可以直接使用共用体变量的值，而要使用它的成员的值，也就是 person[i].cate.class 不能写成 person[i]. class。

2. 枚举类型的应用

【实例 9.9】建立一个枚举型 chook，有三个枚举值：cock、hen、chick（分别表示鸡翁、鸡母、鸡雏），定义一个枚举变量，通过循环输出枚举值对应的是什么鸡。

解：

```
#include <stdio.h>
void main()
{ enum chook {cock,hen,chick};                  /* 定义枚举类型 chook*/
  enum chook ch_enum;                           /* 定义枚举类型变量 ch_enum*/
  int i;
  for(i=0;i<3;i++)
  switch(i)                                     /* 根据枚举值判断输出 */
  { case cock: printf("\n%d %s",cock,"cock");break;
    /* 输出枚举类型变量 ch_enum 中 cock 的枚举值及字符串 */
    case hen: printf("\n%d %s",hen,"hen");break;
    /* 输出枚举类型变量 ch_enum 中 hen 的枚举值及字符串 */
    case chick: printf("\n%d %s",chick,"chick");break;
    /* 输出枚举类型变量 ch_enum 中 chick 的枚举值及字符串 */
  }
}
```

本程序运行结果为：

```
0cook
1 hen
2 chick
```

解析：

（1）题目中指明了 chook 要定义为枚举类型的，即使不指明，也要想到使用枚举类型，因为基本类型里没有 chook 类型，而且 chook 分为 cock、hen、chick 三类，并不是让它们三个存储数据，这和结构体的含义是不同的。

（2）下面将初学者容易犯的错误列举出来，以起到提醒的作用。

① 枚举类型的关键字是 enum，不能当类型名或变量来使用。本题 chook 是类型名，ch_enum 是变量。

② 枚举值是隐含在题目中，默认为是按顺序的从 0 开始，这里 cock、hen、chick 是枚举值，不像结构体中的成员是一个变量，它们是字符串常量。

③ 枚举类型定义结束有分号。

3. 自定义类型的应用

【实例 9.10】分析下面的程序。

```
#include <stdio.h>
typedef int INT;
void main()
{ INT a,b;
   a=5;b=6;
   printf("a=%d\tb=%d\n",a,b);
   { float INT;
     INT=3.0;
     printf("2*INT=%.2f\n",2*INT);
   }
}
```

解：

本程序运行结果为：

```
a=5      b=6
2*INT=6.00
```

解析：

自定义类型使用灵活，可以定义新的类型，或为已有的类型重新命名，本题就将 int 基本整型定义为 INT，两者是通用的。float INT; 将 INT 定义为单精度浮点型，在本复合语句中有效。

小　结

本章主要介绍了结构体类型、变量及数组的应用，结构体指针与指针处理链表，结构体与函数参数，共用体、枚举类型及自定义类型的应用。在这四部分的介绍中，要掌握每部分例题，特别是对问题的分析和注意事项。通过这一章的学习，读者的程序设计能力应有进一步的提高，能够更好地处理复杂的数据。

实战训练

一、选择题

1. 以下关于 typedef 的叙述错误的是（　　）。
   A. 用 typedef 可以增加新类型
   B. typedef 只是将已存在的类型用一个新的名字来代表
   C. 用 typedef 可以为各种类型说明一个新名，但不能用来为变量说明一个新名
   D. 用 typedef 为类型说明一个新名，通常可以增加程序的可读性
2. C 语言中，定义结构体的关键字（或称保留字）是（　　）。
   A. union　　B. struct　　C. enum　　D. typedef
3. enum a {sum=9,mon=-1,tue}; 定义了（　　）。
   A. 枚举变量　　B. 3 个标识符
   C. 枚举数据类型　　D. 整数 9 和 -1

4. 对结构体类型变量的成员的引用，无论数据类型如何都可使用的运算符是（　　）。

A. 运算符 .　　B. 运算符 ->　　C. 运算符 *　　D. 运算符 &

5. 结构体类型的定义允许嵌套是指（　　）。

A. 成员是已经或正在定义的结构体型　　B. 成员可以重名

C. 结构体型可以派生　　D. 定义多个结构体型

6. 若有以下定义和语句：

```
struct a
{ int n,m;};
struct a st[3]={{1,20},{2,19},{3,21}};
struct a *p=st;
```

则以下错误的引用是（　　）。

A. (p++)->n;　　B. st[0].n;　　C. (*p).n;　　D. p=&st.m;

7. 若有以下说明和定义：

```
union dt
{ int a;char b;double c;}data;
```

则以下叙述中错误的是（　　）。

A. data 的每个成员起始地址都相同

B. 变量 data 所占内存字节数与成员 c 所占字节数相等

C. 程序段 :data.a=5;printf("%f\n",data.c); 的输出结果为 5.000000

D. data 可以作为函数的实参

8. 设有以下定义：

```
union data
{ int d1; float d2;}demo;
```

则下面叙述中错误的是（　　）。

A. 变量 demo 与成员 d2 所占的内存字节数相同

B. 变量 demo 中各成员的地址相同

C. 变量 demo 和各成员的地址相同

D. 若给 demo.d1 赋 99 后，demo.d2 中的值是 99.0

9. 设有以下说明：

```
struct student
{  int num;
   char sex;
   int age;
}a1,a2;
```

则下面的用法中不正确的是（　　）。

A. printf("%d,%c,%d",a1);　　B. a2.age=a1.age;

C. a1.age++　　　　D. printf("%o",&a1);

10. 设有以下说明语句：

```
struct ex
{ int x;floaty;char z;} example;
```

则下面的叙述中不正确的是（　　）。

A. struct 是结构体类型的关键字　　　　B. example 是结构体类型名

C. x，y，z 都是结构体成员名　　　　D. struct ex 是结构体类型名

11. 设有以下说明语句：

```
struct stu
{  int a;
   float b;
} stutype;
```

则下面的叙述不正确的是（　　）。

A. struct 是结构体类型的关键字　　　　B. struct stu 是用户定义的结构体类型

C. stutype 是用户定义的结构体类型名　　　　D. a 和 b 都是结构体成员名

12. 设有以下说明语句：

```
typedef struct
{  int n;
   char ch[8];
} PER;
```

则下面叙述中正确的是（　　）。

A. PER 是结构体变量名　　　　B. PER 是结构体类型名

C. typedef struct 是结构体类型　　　　D. struct 是结构体类型名

13. 相同结构体类型的变量之间可以（　　）。

A. 相加　　B. 赋值　　C. 比较大小　　D. 地址相同

14. 以下 scanf( ) 函数调用语句中对结构体变量成员的不正确引用是（　　）。

```
struct pupil
{  char name[20];
   int age;
   int sex;
} pup[5],*p;
p=pup;
```

A. scanf("%s",pup[0].name);　　　　B. scanf("%d",&pup[0].age);

C. scanf("%d",&(p->sex));　　　　D. scanf("%d",p->age);

15. 以下程序的输出结果是（　　）。

```
#include <stdio.h>
struct st
```

```
{int x;int *y;}*p;
int dt[4]={10,20,30,40};
struct st aa[4]={50,&dt[0],60,&dt[0],60,&dt[0],60,&dt[0]};
void main()
{  p=aa;
   printf("%d\n",++(p->x));
}
```

A. 10　　B. 11　　C. 51　　D. 60

16. 以下程序的输出结果是（　　）。

```
#include <stdio.h>
union myun
{  struct
   {int x,y,z;} u;
   int k;
} a;
void main()
{  a.u.x=4;a.u.y=5;a.u.z=6;
   a.k=0;
   printf("%d\n",a.u.x);
}
```

A. 4　　B. 5　　C. 6　　D. 0

17. 有以下程序:

```
#include <stdio.h>
#include <string.h>
typedef struct {char name[9];char sex;float score[2];}STU;
STU f(STU a)
{  STU b={"Zhao",'m',85.0,90.0};
   int i;
   strcpy(a.name,b.name);
   a.sex=b.sex;
   for(i=0;i<2;i++) a.score[i]=b.score[i];
   return a;
}
void main()
{  STU c={"Qian",'f',95.0,92.0},d;
   d=f(c);
   printf("%s,%c,%2.0f,%2.0f\n",d.name,d.sex,d.score[0],d.score[1]);
}
```

程序的运行结果是（　　）。

A. Qian,f,95,92　　B. Qian,m,85,90

C. Zhao,m,85,90　　D. Zhao,f,95,92

18. 有以下程序:

```
#include <stdio.h>
union pw
{  int i;
```

```
    char ch[2];}a;
  void main()
  { a.ch[0]=13;a.ch[1]=0;printf("%d\n",a.i);
  }
```

程序的输出结果是（　　）。

A. 13　　B. 14　　C. 208　　D. 209

19. 在以下程序段中，已知 int 型数据占两个字节，则输出结果是（　　）。

```
union un
{   int i;
    double y;
};
struct st
{   char a[10];
    union un b;
};
printf("%d",sizeof(struct st));
```

A. 14　　B. 18　　C. 20　　D. 16

20. C 语言结构体类型变量在程序执行期间（　　）。

A. 所有成员一直驻留在内存中　　B. 只有一个成员驻留在内存中

C. 部分成员驻留在内存中　　D. 没有成员驻留在内存中

21. 当说明一个结构体变量时系统分配给它的内存是（　　）。

A. 各成员所需内存量的总和　　B. 结构中第一个成员所需内存量

C. 成员中占内存量最大者所需的容量　　D. 结构中最后一个成员所需内存量

22. 设有如下定义:

```
struct sk
{int a;float b;}data,*p;
```

若有 p=&data;，则对 data 中的 a 域的正确引用时（　　）。

A. (*p).data.a　　B. (*p).a　　C. p->data.a　　D. p.data.a

23. 以下各选项企图声明一种新的类型名，其中正确的是（　　）。

A. typedef v1 int　　B. typedef v2=int

C. typedef int v3　　D. typedef v4:int;

24. 通过结构体变量名引用结构体成员的一般形式是（　　）。

A. 成员名 . 结构体变量名　　B. 结构体变量名 . 成员名

C. 成员名 <- 结构体变量名　　D. 结构体变量名 -> 成员名

二、判断题

1. 可以将一个结构体变量作为一个整体进行输入和输出。（　　）
2. 用 typedef 可以声明各种类型名，也有可以用来定义变量。（　　）
3. 用 typedef 不仅对已经存在的类型增加一个类型名，而且可以创造新的类型。（　　）
4. 在程序中定义一个结构体类型后，可以多次用它定义具有该类型的变量。（　　）

5. 共同体变量所占的内存长度等于最短的成员的长度。 (　　)

6. 结构体中的成员名不可以与程序中的变量名相同。 (　　)

7. 结构体类型只有一种。 (　　)

8. 共用体变量所占的内存长度等于最长的成员的长度。 (　　)

9. 结构体变量所占内存长度等于各成员所占的内存长度之和，每个成员分别占有其自己的内存单元。 (　　)

10. 共用体可以出现在结构体内，它的成员也可以是结构体。 (　　)

11. 对于共用体的不同成员赋值，将会对其他成员重写。 (　　)

12. 枚举是一个被命名的整型常数的集合。 (　　)

13. 枚举中每个成员(标识符)结束符是“,”，而不是“;”，最后一个成员可省略“,”。 (　　)

14. 结构作为一种数据类型，定义的结构变量或结构指针变量同样有局部变量和全程变量，视定义的位置而定。 (　　)

15. C语言中，共同体变量的成员不能作为函数的实参。 (　　)

三、填空题

1. 结构体是不同数据类型的数据集合，作为构造数据类型，必须先声明结构体________，再定义结构体变量。

2. 变量x由下面的语句定义，x的存储空间由成员________决定。

```
union{int n;long p;}x;
```

3. 结构体变量所占内存空间的大小等于各成员变量所占空间之和，在实际程序设计中，应该使用运算符________得到结构体变量所占内存空间的大小。

4. 下面程序执行后，输出的结果等于________。

```
enum dt{a=7,b=1,c,d,e=8}x=d;
printf("%d",x);
```

5. 在下列程序段中，枚举变量c1,c2的值依次是________。

```
enum color {red,yellow,blue=4,green,white} c1,c2;
c1=yellow;c2=white;
printf("%d,%d\n",c1,c2);
```

6. 在C语言中定义结构体的关键字是________。

7. 在C语言中定义共用体的关键字是________。

四、程序填空题

1. 结构数组中存有三人的姓名和年龄，以下程序输出三人中最年长者的姓名和年龄。请填空。

```
static struct man
{ char name[20];
int age;}person[]={"li-ming",18,"wang-hua",19,"zhang-ping",20};
void main()
{  struct man *p,*q;
   int old=0;
```

```
    p=person;
    /***********FILL***********/
    for( ;________)
    /***********FILL***********/
    if(old<p->age) {q=p;________;}
    /***********FILL***********/
    printf("%s %d",________);
}
```

2. 以下程序段的功能是统计链表中结点的个数，其中 first 为指向第一个结点的指针（链表不带头结点）。请填空。

```
struct link
{char data;struct link *next;};
struct link *p,*first;int c=0;p=first;
/***********FILL***********/
while(________)
{
    /***********FILL***********/
    ________;
    /***********FILL***********/
    p=________;
}
```

3. 已知 head 指向一个带头结点的单向链表，链表中每个结点包含数据域（data）和指针域（next），数据域为整型。以下函数求出链表中所有链结点数据域的和值，作为函数值返回。请填空。

```
struct link
{int data;struct link *next;};
void main()
{   struct link *head;
    sum(head);
}
/***********FILL***********/
sum(________)
{   struct link *p;int s=0;
    p=head->next;
    while(p)
    {
        /***********FILL***********/
        s+=________;
        /***********FILL***********/
        p=________;}
    return(s);
}
```

五、程序改错题

1. 以下程序是修改结构体两个成员值。

```
#include <stdio.h>
struct n {int x;char c;};
```

```
void func(struct n);
void main()
{   struct n a={10,'x'};
    /**********ERROR**********/
    func(&a);
    /**********ERROR**********/
    printf ("%d,%c",x,c);
}
func(struct n b)
{
    b.x=20;
    /**********ERROR**********/
    b.c=y;
}
```

2. 以下程序是输出结构体数组中的下标为 2 的数组元素的姓名。

```
#include <stdio.h>
struct stu{
    int num;
    char name[10];
    int age;
};
void fun(struct stu *p)
{
/**********ERROR**********/
printf("%s\n",p.name);
}
void main(void)
{
    /**********ERROR**********/
    struct stu students[2]={{9801,"Zhang",20},{9802,"Wang",19},{9803,"Zhao",18}};
    /**********ERROR**********/
    fun(students);
}
```

六、程序设计题

1. 应用结构体类型编写程序，实现输入一个学生的数学期中和期末成绩，然后计算并输出其平均成绩。

2. 应用指向结构体的指针编写程序，实现输入三个学生的学号、数学期中和期末成绩，然后计算其平均成绩并输出成绩表。

3. 编写程序，建立一个带有头结点的单向链表，链表结点中的数据通过键盘输入，当输入数据为 -1 时，表示输入结束。（链表头结点的 data 域不放数据，表空的条件是 ph->next = =NULL）。

4. 已知 head 指向一个带头结点的单向链表，链表中每个结点包含字符型数据域（data）和指针域（next）。编写函数，实现在值为 a 的结点前插入值为 key 的结点，若没有值为 a 的结点，则插在链表最后。

第10章

应用文件管理数据

文件是程序设计中重要的概念。程序执行时，所有的数据都存储在内存中，这些数据只能临时存放不能永久保存，若想永久保存，则需要把数据存放在外存储器中。存储在外存储器中的数据是以文件的形式存放的，每一个文件都有一个名字以便说明识别。因此，文件就是指存储在外部介质上数据的集合。本章讨论文件的操作及相关题解，包括缓冲型文件类型指针及文件打开与关闭、缓冲型文件的输入/输出、文件的定位及非缓冲文件系统等。通过对上述问题的了解，使读者对文件有一个比较全面的认识，从而有助于系统开发。

实训目标

通过本章训练，你将能够：

☑ 使用缓冲型文件类型指针及实现文件打开与关闭。

☑ 使用缓冲型文件的函数。

☑ 实现文件的定位。

☑ 实现非缓冲文件系统。

知识要点

对文件进行操作：

如何获得对文件的使用：打开/关闭文件。

如何了解“被使用文件”的信息：通过文件指针。

如何操作文件：文件读/写、文件定位、文件状态。

分类	函数名			
打开文件	fopen( )			
关闭文件	fclose( )			
文件定位	fseek( )	rewind( )	ftell( )	
文件读写	fgetc( )	fputc( )	fgets( )	fputs( )

	getw( )	putw( )	fread( )	fwrite( )
	fscanf( )	fprintf( )		
文件状态	feof( )	ferror( )	clearerr( )	

遵循客观规律，有始有终。

实 例 解 析

一、对文件进行操作

【实例 10.1】编写程序，打开文本文件 abc.txt 用于读，然后关闭此文件。

解：

```
#include <stdio.h>
void main()
{   FILE *fp;                              /* 定义文件指针变量 fp*/
    if((fp=fopen("d:/abc.txt","r"))==NULL)
                                           /* 检查能否打开 d 盘下的 abc.txt 文件 */
    {   printf("Cannot open abc.txt\n");
        exit(0);                           /* 退出 */
    }
    printf("Open abc.txt \n");
    fclose(fp);                            /* 关闭文件 */
}
```

如果有 abc.txt 文件，则结果显示：

```
Open abc.txt
```

否则显示：

```
Cannot open abc.txt
```

解析：

(1) 这道题目是对文件进行打开与关闭操作，要使用到文件指针，利用文件的打开与关闭函数，必须考虑要打开的文件是否存在。

(2) 下面将初学者容易犯的错误列举出来，以起到提醒的作用。

① 文件结构体名 FILE 必须大写。

② 文件打开函数由两部分组成，都用双引号括起来。

③ 文件打开之后，使用结束要关闭文件。

二、文件的应用

【实例 10.2】从键盘输入一些字符，将其逐个写入磁盘文件 file1.txt 中，直到输入一个“$”为止；

再将此文件打开，把文本内容读出，并且显示在屏幕上。

解：

```
#include <stdio.h>
void main()
{
   FILE *fp;                                    /* 定义文件指针变量 fp*/
   char ch;
   if((fp=fopen("file1.txt","w"))==NULL)
      /* 以写入的方式打开 file1.txt 文件 */
      {  printf("Cannot open this file.\n");
         exit(0);                               /* 退出 */
      }
   while((ch=getchar())!='$')                   /* 当输入的字符不为 $ 时，执行循环 */
      fputc(ch,fp);                             /* 将字符输出到 fp 指向的文件 */
   fclose(fp);                                  /* 关闭文件 */
   if((fp=fopen("file1.txt","r"))==NULL)
      /* 打开 file1.txt 文件用于读 */
      {  printf("Cannot open this file.\n");
         exit(0);                               /* 退出 */
      }
   while((ch=fgetc(fp))!=EOF)
   /* 当读入的字符不是文件的结束符时，执行循环 */
   putchar(ch);                                 /* 输出字符 */
   fclose(fp);                                  /* 关闭文件 */
}
```

本程序运行结果为：

```
This is my file.$<回车>
This is my file.
```

解析：

（1）这个题目是对文件进行读 / 写操作，一定要分清是输入还是写入，是输出还是读出。输入和输出是我们以前接触到的，可以使用字符输入 / 输出函数来实现。写入与读出是对文件而言的，可以使用文件的读 / 写函数。还要涉及文件的打开与关闭操作。EOF 是文件结束标志，它是 fclose( ) 函数的一个返回值。当顺利地执行了关闭操作，则返回为 0；否则返回 EOF（-1）。可以用 ferror( ) 函数来测试。

（2）下面将初学者容易犯的错误列举出来，以起到提醒的作用。

① 混淆输入与写入，如把 (ch=getchar( ))!='$' 错写成 (ch=fgetc(fp))!='$'，或把 (ch=fgetc(fp))!= EOF 错写成 (ch=getchar( ))!= EOF。

② 混淆输出与读出，如把 putchar(ch); 错写成 fputc(ch,fp);，或把 fputc(ch,fp); 错写成 putchar(ch);。

③ 要清楚打开文件是做什么，是为了读还是为了写，一定要选择正确的方式打开。区分 fopen("file1.txt","w") 与 fopen("file1.txt","r")。

【实例 10.3】编写程序，显示当前建立的 stud 文件的长度。

解：

```
#include <stdio.h>
```

```
void main()
{   FILE *fp;                                    /* 定义文件指针变量 fp*/
    int i;
    if((fp=fopen("stud.txt","r"))==NULL)         /* 打开 stud 文件 */
    {   printf("Cannot open this file.\n");
        exit(1);
    }
    fseek(fp,0,SEEK_END);                        /* 使文件指针移到文件尾 */
    printf("stud's length:%dByte\n",ftell(fp));
                                                 /* 输出文件尾的位置 */
    fclose(fp);                                  /* 关闭文件 */
}
```

如果文件还有 5 个字符，则显示结果为：

```
Stud's length:5Byte
```

解析：

这道题目是要移动文件的指针，从文件头到文件尾，并记录共移动了多少个位置。显示文件指针的当前位置使用 ftell( ) 函数，移动指针使用改变文件指针的当前位置 fseek( ) 函数。要注意的是，应该以“r”或“r+”模式打开文件，这样起始位置是文件头，否则无法得到正确的文件长度。

非缓冲文件系统：所谓“非缓冲文件系统”，是指系统不自动开辟确定大小的缓冲区，而由程序为每个文件设定缓冲区。利用这种方式处理数据的好处是不需要占用一大块内存空间做缓冲区，同时只要程序中进行数据的写入操作，马上就可以完成写盘工作。如果系统突然关机，损失较小。其缺点是读写速度慢，拖累程序执行速度。ANSI C 标准决定不采用非缓冲文件系统，而采用缓冲文件系统，即既用缓冲文件系统处理文本文件，也用它来处理二进制文件。

小　结

本章主要介绍了缓冲型文件类型指针及文件打开与关闭、缓冲型文件的读 / 写、文件的定位、非缓冲文件系统。在这四部分的介绍中，要掌握每部分例题，特别是对问题的分析和注意事项。通过本章的学习，读者的程序设计能力应有更进一步的提高，为系统开发打下基础。

实 战 训 练

一、选择题

1. fgetc( ) 函数的作用是从指定文件读入一个字符，该文件的打开方式必须是（　　）。

   A. 只写　　　　B. 追加

   C. 读或读写　　D. B 和 C 都正确

2. fseek( ) 函数的正确调用形式是（　　）。
   A. fseek(文件类型指针 , 起始点 , 位移量)
   B. fseek(fp, 位移量 , 起始点)
   C. fseek(位移量 , 起始点 ,fp)
   D. fseek(起始点 , 位移量 , 文件类型指针)
3. fwrite( ) 函数的一般调用形式是（　　）。
   A. fwrite(buffer,count,size,fp);　　B. fwrite(fp,size,count,buffer);
   C. fwrite(fp,count,size,buffer);　　D. fwrite(buffer,size,count,fp)
4. fwrite( ) 函数的参数个数是（　　）。
   A. 1　　B. 2　　C. 3　　D. 4
5. 当顺利执行了文件关闭操作时，fclose( ) 函数的返回值是（　　）。
   A. -1　　B. TRUE　　C. 0　　D. 1
6. 读取二进制文件的函数调用形式为 fread(buffer,size,count,fp);, 其中 buffer 代表的是（　　）。
   A. 一个文件指针，指向待读取的文件
   B. 一个整型变量，代表待读取的数据的字节数
   C. 一个内存块的首地址，代表读入数据存放的地址
   D. 一个内存块的字节数
7. 函数 ftell(fp) 的作用是（　　）。
   A. 得到流式文件中的当前位置　　B. 移到流式文件的位置指针
   C. 初始化流式文件的位置指针　　D. 以上答案均正确
8. 函数 rewind( ) 的作用是（　　）。
   A. 使文件位置指针重新返回文件的开始位置
   B. 将文件位置指针指向文件中所要求的特定位置
   C. 使文件位置指针指向文件的末尾
   D. 使文件位置指针自动移至下一个字符位置
9. 函数 fseek(pf, 0L,SEEK_END) 中的 SEEK_END 代表的起始点是（　　）。
   A. 文件开始　　B. 文件末尾　　C. 文件当前位置　　D. 以上都不对
10. 函数调用语句 fseek(fp,-20L,2); 的含义是（　　）。
    A. 将文件位置指针移到距离文件头 20 个字节处
    B. 将文件位置指针从当前位置向后移动 20 个字节
    C. 将文件位置指针从文件末尾处退后 20 个字节
    D. 将文件位置指针移到离当前位置 20 个字节处
11. C 语言中的文件类型只有（　　）。
    A. 索引文件和文本文件两种　　B. ASCII 文件和二进制文件两种
    C. 文本文件一种　　D. 二进制文件一种
12. 将文件的指针重新设置到文件的起点函数是（　　）。
    A. ferror( )　　B. rewind( )　　C. fopen( )　　D. fclose( )

13. 利用 fseek( ) 函数可以实现的操作是（　　）。

A. 改变文件的位置指针　　B. 文件的顺序读写

C. 文件的随机读 / 写　　D. 以上答案均正确

14. 如果需要打开一个已经存在的非空文件“Demo”进行修改，则下面正确的选项是（　　）。

A. fp=fopen("Demo","r");　　B. fp=fopen("Demo","ab+");

C. fp=fopen("Demo","w+");　　D. fp=fopen("Demo","r+");

15. 若 fp 是指向某文件的指针，且已读到此文件末尾，则库函数 feof(fp) 的返回值是（　　）。

A. EOF　　B. 0

C. 非零值　　D. NULL

16. 若 fp 已正确定义并指向某个文件，当未遇到该文件结束标志时函数 feof(fp) 的值为(　　)。

A. 0　　B. 1　　C. -1　　D. 一个非 0 值

17. 若调用 fputc( ) 函数输出字符成功，则其返回值是（　　）。

A. EOF　　B. 1

C. 0　　D. 输出的字符

18. 若要打开 E 盘上 user 子目录下名为 abc.txt 的文本文件进行读 / 写操作，则下面符合此要求的函数调用是（　　）。

A. fopen("E:\user\abc.txt","r")　　B. fopen("E:\\user\\abc.txt","r+")

C. fopen("E:\user\abc.txt","rb")　　D. fopen("E:\\user\\abc.txt","w")

19. 若要用 fopen( ) 函数打开一个新的二进制文件，该文件要既能读也能写，则文件方式字符串应是（　　）。

A. "ab++"　　B. "wb+"　　C. "rb+"　　D. "ab"

20. 若以 "a+" 方式打开一个已存在的文件，则以下叙述正确的是（　　）。

A. 文件打开时，原有文件内容不被删除，位置指针移到文件末尾，可作添加和读操作

B. 文件打开时，原有文件内容不被删除，位置指针移到文件开头，可作重写和读操作

C. 文件打开时，原有文件内容被删除，只可作写操作

D. 以上各种说法皆不正确

21. 若执行 fopen( ) 函数时发生错误，则函数的返回值是（　　）。

A. 地址值　　B. 0　　C. 1　　D. EOF

22. 下列关于 C 语言数据文件的叙述中正确的是（　　）。

A. 文件由 ASCII 码字符序列组成，C 语言只能读 / 写文本文件

B. 文件由二进制数据序列组成，C 语言只能读 / 写二进制文件

C. 文件由记录序列组成，可按数据的存放形式分为二进制文件和文本文件

D. 文件由数据流形式组成，可按数据的存放形式分为二进制文件和文本文件

23. 以下叙述中不正确的是（　　）。

A. C 语言中的文本文件以 ASCII 码形式存储数据

B. C 语言中对二进制文件的访问速度比文本文件快

C. C 语言中，随机读 / 写方式不适用于文本文件

D. C 语言中，顺序读 / 写方式不适用于二进制文件

24. 以下叙述中错误的是（　　）。

A. 二进制文件打开后可以先读文件的末尾，而顺序文件不可以

B. 在程序结束时，应当用 fclose( ) 函数关闭已打开的文件

C. 在利用 fread( ) 函数从二进制文件中读数据时，可以用数组名给数组中所有元素读入数据

D. 不可以用 FILE 定义指向二进制文件的文件指针

25. C 语言中，文件由（　　）组成。

A. 记录　　B. 数据行

C. 数据块　　D. 字符（字节）序列

26. C 语言中文件的存取方式有（　　）。

A. 只能顺序存取　　B. 只能随机存取

C. 可以顺序存取，也可随机存取　　D. 只能从文件的开头进行存取

27. 若在某函数中使用了 fp=fopen("fname1","a"); 语句，则其中变量 fp 必须是（　　）。

A. 文件型指针变量　　B. 整型指针变量

C. 字符型指针变量　　D. 浮点型指针变量

二、判断题

1. 文件根据数据的组织形式，可分为 ASCII 文件和二进制文件。（　　）

2. C 语言对文件的处理方法有缓冲文件系统和非缓冲文件系统。（　　）

3. C 语言库函数 fgets(str,n,fp) 的功能是从文件 fp 中读取长度不超过 n–1 的字符串存入 str 指向的内存。（　　）

4. C 语言中文件的存取方式可以是顺序存取，也可以是随机存取。（　　）

5. 函数调用语句 fseek(fp,10L,2) 的含义是：将文件位置指针从文件末尾处向文件头方向移动 10 个字节。（　　）

6. fputs( ) 函数用于把字符串输出到文件。（　　）

7. fwrite( ) 函数用于以二进制形式输出数据到文件。（　　）

8. 打开二进制文件时，fopen( ) 函数只能使用 wb、rb、ab 等文件使用方式。（　　）

三、填空题

1. C 语言的数据文件分为文本文件和________文件两种。

2. 当函数 fopen( ) 打开文件失败时，函数值等于________。

3. 用 fclose( ) 函数成功地关闭一个文件后，函数值等于________。

4. C 语言对文件的输入 / 输出操作是通过函数实现的。有些函数可以处理所有文件，有些函数只能处理文本文件，有些函数只能处理二进制文件。fscanf( ) 函数只能处理________文件。

5. 根据数据的流向，文件操作包括输入操作和输出操作两种，feof( ) 函数用在________操作中。

6. C 语言的 fgetc( ) 和 fread( ) 两个函数都能够从文件中读取字符，当需要从二进制文件成批输入相同类型的数据时，应该使用________函数。

7. C 语言中的文件的存储方式可以是顺序存取，也可以是________。

8. fscanf( ) 函数的用法与 scanf( ) 函数相似，只是它是从________中读取信息。

9. feof( ) 函数检测文件位置指示器是否到达了文件________，若是则返回一个非 0 值，否则返回 0。

四、程序填空题

1. 下面程序用变量count统计文件中字符的个数。

```
#include <stdio.h>
void main()
{  FILE *fp;long count=0;
   /***********FILL***********/
   if((fp=fopen("letter.dat",________))==NULL)
   { printf("cannot open file\n");exit(0);}
   while(!feof(fp))
   {
      /***********FILL***********/
      ________;
      /***********FILL***********/
      ________;
   }
   printf("count=%ld\n",count);fclose(fp);
}
```

2. 以下程序的功能是将文件file1.c的内容输出到屏幕上并复制到文件file2.c中。

```
#include <stdio.h>
void main()
{
   /***********FILL***********/
   FILE ________;
   fp1=fopen("file1.c","r");
   fp2=fopen("file2.c","w");
   while(!feof(fp1))putchar(getc(fp1));
   /***********FILL***********/
   ________;
   /***********FILL***********/
   while(!feof(fp1)) putc________;
   fclose(fp1);
   fclose(fp2);
}
```

3. 以下程序中用户由键盘输入一个文件名，然后输入一串字符（用#结束输入）存放到此文件文件中形成文本文件，并将字符的个数写到文件尾部。

```
#include <stdio.h>
void main(void)
{
   FILE *fp;
   char ch,fname[32]; int count=0;
   printf("Input the filename:");scanf("%s",fname);
   /***********FILL***********/
   if((fp=fopen(________,"w+"))==NULL)
   {
      printf("Can't open file: %s\n",fname);
      exit(0);
   }
```

```
    printf("Enter data: \n");
    while((ch=getchar())!="#"){
        fputc(ch,fp);
        count++;
    }
    /***********FILL***********/
    fprintf(________,"\n%d\n",count);
    fclose(fp);
}
```

4. 从键盘输入一个字符串，将小写字母全部转换成大写字母，然后输出到一个磁盘文件 test 中保存。输入的字符串以！结束。

```
#include "stdio.h"
void main()
{   FILE *fp;
    char str[100],filename[10];
    int i=0;
    /***********FILL***********/
    if((fp=fopen("test",________))==NULL)
    {   printf("cannot open the file\n");
        exit(0);
    }
    printf("please input a string:\n");
    /***********FILL***********/
    gets(________);
    while(str[i]!='!')
    /***********FILL***********/
    {   if(str[i]>='a'&&________)
            str[i]=str[i]-32;
        fputc(str[i],fp);
        i++;
    }
    /***********FILL***********/
    fclose(________);
    fp=fopen("test","r");
    fgets(str,strlen(str)+1,fp);
    printf("%s\n",str);
    fclose(fp);
}
```

五、程序改错题

1. 以下程序运行后的输出结果是 123456。

```
#include "stdio.h"
void main()
{   FILE *fp;int k,n,a[6]={1,2,3,4,5,6};
    /**********ERROR**********/
    fp=open("d2.dat","w");
    fprintf(fp,"%d%d%d\n",a[0],a[1],a[2]);
    fprintf(fp,"%d%d%d\n",a[3],a[4],a[5]);
    /**********ERROR**********/
```

```
    fclose();
    fp=fopen("d2.dat","r");
    /**********ERROR**********/
    fscanf(fp,"%d%d",k,n);
    printf("%d %d\n",k,n);
    fclose(fp);
}
```

2. 以下程序运行后的输出结果是 20 30。

```
#include "stdio.h"
void main()
{
    /**********ERROR**********/
    FILE fp;int i=20,j=30,k,n;
    fp=fopen("d1.dat","w");
    /**********ERROR**********/
    fprintf(fp,"%f\n",i);
    fprintf(fp,"%d\n",j);
    fclose(fp);
    fp=fopen("d1.dat","r");
    fscanf(fp,"%d%d",&k,&n);
    printf("%d %d\n",k,n);
    /**********ERROR**********/
    fclose();
}
```

3. 以下程序的功能是将一个磁盘文件复制到另一个磁盘文件中。

```
#include "stdio.h"
void main()
{   FILE *in,*out;
    char ch,infile[10],outfile[10];
    printf("Enter the infile name:\n");
    /**********ERROR**********/
    scanf("%c",infile);
    printf("Enter the outfile name:\n");
    scanf("%s",outfile);
    /**********ERROR**********/
    if((in=open(infile,"r"))==NULL)
    {   printf("cannot open infile\n");
        exit(0);
    }
    if((out=fopen(outfile,"w"))==NULL)
    {   printf("cannot open outfile\n");
        exit(0);
    }
    /**********ERROR**********/
    while(feof(in)) fputc(fgetc(in),out);
    fclose(in);
    fclose(out);
}
```

六、程序设计题

1. 编写程序，建立一个 abc 文本文件，向其中写入 "this is a test" 字符串，然后显示该文件的内容。

2. 编写程序 fcat.c，把命令行中指定的多个文本文件连接成一个文件。例如，cat file1 file2 file3，把文本文件 file1、file2 和 file3 连接成一个文件，连接后的文件名为 file1。

3. 编写程序，将指定的文本文件中某单词替换成另一个单词。

第 11 章 实战演练——综合模拟测试题及参考答案

本章针对前面所学的知识点和实战训练，给出了五套模拟考试题，题型丰富，难度适中，读者可以检测自己所学的程度，针对不熟悉的知识点加强学习，达到迅速提升 C 语言程序设计的应用能力的目的。

综合模拟测试题

一、综合自测题（一）

（一）选择题（本大题 15 分，每小题 1 分）

1. 下列说法正确的是（　　）。

   A. main( ) 函数必须放在 C 程序的开头

   B. main( ) 函数必须放在 C 程序的最后

   C. main( ) 函数可以放在 C 程序的中间部分，但在执行 C 程序时是从程序开头执行的

   D. main( ) 函数可以放在 C 程序的中间部分，但在执行 C 程序时是从 main 函数开始的

2. 在下面几组数据类型中，全为最常用的基本数据类型的是（　　）。

   A. 整型　实型　字符型　　　　B. 整型　数组　指针

   C. 数组　结构体　共用体　　　D. 指针　逻辑型　空类型

3. 若有说明语句: char c= '\64'; 则变量 C 包含（　　）。

   A. 1 个字符　　　　B. 2 个字符

   C. 3 个字符　　　　D. 说明不合法，C 值不确定

4. 设有如下定义和执行语句，其输出结果为（　　）。

```
int a=3,b=3;
```

```
a=--b+1;printf("%d %d",a,b);
```

A. 3　2　　B. 4　2　　C. 2　2　　D. 2　3

5. C 语言中，运算对象必须是整型数的运算符是（　　）。

A. %　　B. \　　C. % 和 \　　D. **

6. 能正确表示 x 的取值范围在 [0，100] 和 [-10，-5] 内的表达式是（　　）。

A. （x<=-10）||（x>=-5）&&（x<=0）||（x>=100）

B. （x>=-10）&&（x<=-5）||（x>=0）&&（x<=100）

C. （x>=-10）&&（x<=-5）&&（x>=0）&&（x<=100）

D. （x<=-10）||（x>=-5）&&（x<=0）||（x>=100）

7. 程序段如下：

```
int k=0;
while(k++<=2);printf("last=%d\n",k);
```

则执行结果是 last=（　　）。

A. 2　　B. 3　　C. 4　　D. 无结果

8. 下面有关 for 循环的正确描述是（　　）。

A. for 循环只能用于循环次数已经确定的情况

B. for 循环是先执行循环体语句，后判断表达式

C. 在 for 循环中，不能用 break 语句跳出循环体

D. for 循环的循环体语句中，可以包含多条语句，但必须用花括号括起来

9. 若二维数组 a 有 m 列，则 a[I][j] 元素前的数组元素个数为（　　）。

A. j*m+i　　B. i*m+j　　C. i*m+j-2　　D. i*m+j+1

10. C 语言中变量的指针指的是（　　）。

A. 变量类型　　B. 变量值　　C. 变量值　　D. 变量地址

11. 设有两字符串 "Beijing"、"China" 分别存放在字符数组 str1[10],str2[10] 中，下面语句中能把 "China" 连接到 "Beijing" 之后的为（　　）。

A. strcpy(str1,str2);　　B. strcpy(str1, "China");

C. strcat(str1，"China")　　D. strcat("Beijing"，str2);

12. 以下程序的运行结果是（　　）。

```
main( )
{  int a=2,i;
   for(i=0;i<3;i++)printf("%4d",f(a));}
f( int a)
{  int b=0,c=3;
   b++;c++;return(a+b+c);}
```

A. 7　10　13　　B. 7　7　7

C. 7　9　11　　D. 7　8　9

13. 在 C 语言程序中，若未在函数定义时说明函数类型，则函数默认的类型为（　　）。

A. void　　B. double　　C. int　　D. char

14. 在说明一个结构体变量时系统分配给它的存储空间是（　　）。

A. 该结构体中第一个成员所需存储空间

B. 该结构体中最后一个成员所需存储空间

C. 该结构体中占用最大存储空间的成员所需存储空间

D. 该结构体中所有成员所需存储空间的总和

15. 使用 fseek( ) 函数可以实现的操作是（　　）。

A. 改变文件的位置指针的当前位置

B. 文件的顺序读写

C. 文件的随机读写

D. 以上都不对

（二）判断题（本大题 10 分，每小题 1 分）

1. C 程序可以由若干个源文件组成，因此最小的功能单位是源文件，最小编译单位的是函数。（　　）
2. C 程序有三种结构化程序设计方法，分别顺序结构、选择结构和循环结构。（　　）
3. 在 if 语句中，if 子句与 else 子句都可以单独使用，构成了 if 语句的两种默认形式。（　　）
4. for 语句作为循环控制语句时，其括号内各个表达式及其后的分号都可省略。（　　）
5. C 程序中函数不可以嵌套定义但可以嵌套调用。（　　）
6. 字符串可以用来给数组赋值，在 C 程序的执行语句中可以直接用字符串给数组名赋值。（　　）
7. 数组名也可作为函数参数使用，此时数组名代表数组的起始地址。（　　）
8. 在函数内的复合语句中定义的变量在本函数范围内有效。（　　）
9. 声明一个结构体类型的一般形式为: struct 结构体名 { 成员表列 }; 。（　　）
10. ANCI C 规定了标准输入输出函数库，用 fseek( ) 函数来实现打开文件。（　　）

（三）填空题（本大题 5 分，每小题 1 分）

1. 字符串 "D:\\USER" 的长度是________。
2. 若所有变量都是整型变量，则表达式 a=(a=3,b=++a,a*b) 的结果是________。
3. 假设所有变量均为整型，则表达式 (a=2,b=4,a++,++b,a+b) 的值为________。
4. C 语言说明变量时，若省略存储类型符，系统默认其为________存储类别。
5. 下面一段程序执行后，变量 s 的值等于________。

```
int a,s=0;
for(a=10;a>0;a-=3)s+=a;
```

（四）程序改错题（本大题 28 分，每小题 14 分）

1. 程序如下:

```
/*------------------------------------------------------
```

```
【程序改错】
---------------------------------------------------------

功能：一个已排好序的一维数组，输入一个数 number，要求按原来
      排序的规律将它插入数组中 .

-------------------------------------------------------*/
#include "stdio.h"
main()
{
   int a[11]={1,4,6,9,13,16,19,28,40,100};
   int temp1,temp2,number,end,i,j;
   /**********ERROR**********/
   for(i=0;i<=10;i++)
      printf("%5d",a[i]);
   printf("\n");
   scanf("%d",&number);
   /**********ERROR**********/
   end=a[10];
   if(number>end)
      /**********ERROR**********/
      a[11]=number;
   else
   {
      for(i=0;i<10;i++)
      {
         /**********ERROR**********/
         if(a[i]<number)
         {
            temp1=a[i];
            a[i]=number;
            for(j=i+1;j<11;j++)
            {
               temp2=a[j];
               a[j]=temp1;
               temp1=temp2;
            }
            break;
         }
      }
   }
   for(i=0;i<11;i++)
      printf("%6d",a[i]);
}
```

2. 程序如下：

```
/*-------------------------------------------------------
【程序改错】
---------------------------------------------------------

功能：根据整型形参 n，计算某一数据项的值。
      A[1]=1,A[2]=1/(1+A[1]),A[3]=1/(1+A[2]),…,
```

```
    A[n]=1/(1+A[n-1])
例如：若 n=10，则应输出：a10=0.617977。

------------------------------------------------------*/
#include "conio.h"
#include "stdio.h"
/**********ERROR**********/
int fun(int n)
{
   float A=1;int i;
   /**********ERROR**********/
   for(i=2;i<n;i++)
   /**********ERROR**********/
   A=1.0\(1+A);
   return A;
}

main()
{
   int n;
   printf("\nPlease enter n:");
   scanf("%d",&n);
   printf("A%d=%f\n",n,fun(n));
}
```

（五）程序填空题（本大题 28 分，每小题 14 分）

1. 程序如下：

```
/*------------------------------------------------------
【程序填空】给定程序中，函数 fun() 的功能是：
--------------------------------------------------------

题目：本程序用 printf() 函数输出字符串 "I am student"，完善程序。

------------------------------------------------------*/
#include "stdio.h"
main()
{
   int i;
   char*s1="I am student";
   /***********FILL***********/
   for(i=0;s1[i]!='________';i++)
   /***********FILL***********/
      printf("________",s1[i]);
}
```

2. 程序如下：

```
/*------------------------------------------------------
【程序填空】
--------------------------------------------------------
```

```
功能: 下面程序是计算 sum = 1+ (1+1/2)+(1+1/2+1/3)+…+
      (1+1/2+…+1/n) 的值。
例如: 当 m = 3, sum = 4.3333333

--------------------------------------------------------*/
#include "stdio.h"
double f(int n)
{
   int i;
   double s;
   s=0;
   for(i=1;i<=n;i++)
      /***********FILL***********/
      ________;
   return s;
}
main()
{
   int i,m=3;
   float sum=0;
   for(i=1;i<=m;i++)
      /***********FILL***********/
      ________;
   /***********FILL***********/
   printf("________\n",sum);
}
```

（六）程序设计题（本大题 14 分）

```
/*------------------------------------------------------
【程序设计】
--------------------------------------------------------
功能: 求出二维数组周边元素之和, 作为函数值返回。二维数组的值在主函数中赋予。
*********Begin********** 和 **********  End  ********** 不可删除

------------------------------------------------------*/

#define M 4
#define N 5
#include "stdio.h"

void TestFunc();

int fun(int a[M][N])
{

   /**********Begin**********/



   /**********  End  **********/
```

```
}

void main()
{
   int a[M][N]={{1,3,5,7,9},{2,4,6,8,10},{2,3,4,5,6},{4,5,6,7,8}};
   int y;
   y=fun(a);
   printf("s=%d\n",y);
   TestFunc();
}


void TestFunc()
{
   FILE *IN,*OUT;
   int iIN[M][N],iOUT;
   int i,j,k;
   IN=fopen("14.in","r");
   if(IN==NULL)
   {  printf("Please Verify The Currernt Dir..It May Be Changed");
   }
   OUT=fopen("14.out","w");
   if(OUT==NULL)
   {  printf("Please Verify The Current Dir.. It May Be Changed");
   }
   for(k=0;k<10;k++)
   {  for(i=0;i<M;i++)
         for(j=0;j<N;j++)
            fscanf(IN,"%d",&iIN[i][j]);

      iOUT=fun(iIN);
      fprintf(OUT,"%d\n",iOUT);
   }
   fclose(IN);
   fclose(OUT);
}
```

二、综合自测题（二）

（一）选择题（本大题 15 分，每小题 1 分）

1. C 语言中不能用来表示整常数的进制是（　　）。

   A. 十进制　　B. 十六进制　　C. 八进制　　D. 二进制

2. C 语言规定标识符由（　　）等字符组成。

   A. 字母、数字、下画线　　B. 中画线、字母、数字

   C. 字母、数字、逗号　　D. 字母、下画线、中画线

3. 若有如下定义 :int　a=2,b=3; float　x=3.5,y=2.5; 则表达式 :(float)(a+b)/2+(int)x%(int)y 的值是（　　）。

   A. 2.500000　　B. 3.500000

   C. 4.500000　　D. 5.000000

4. 以下表达式：2+'a'+i*f，其中 i 为整型变量，f 为 float 型变量，则表达式的最终数据类型为（　　）。

A. int　　B. float　　C. char　　D. double

5. 有如下语句：

```
printf("%s,%5.3s\n","COMPUTER","COMPUTER");
```

执行语句后的最终结果为（　　）。

A. COMPUTER, CMP.　　B. COMPUTER, CMP.

C. COMPU, CMP.　　D. COMPU, CMP.

6. 以下 if 语句中语法错误的是（　　）。

A. if (a>b) printf ("%f",a);
else printf ("%f",b);

B. if (a>b) printf ("%f",a);

C. if (a>b) printf ("%f",a)
else printf ("%f",b);

D. if (a>b) printf ("%f",b);
else printf ("%f",a);

7. 能表示整数 x 符合下面两个条件的语句是（　　）。

(1) 能被 4 整除，但不能被 100 整除。(2) 能被 4 整除，又能被 400 整除。

A. (x%4==0&&x%100!=0)||x%400==0

B. (x%4==0||x%100!=0)&&x%400==0

C. (x%4==0&&x%400!=0)||x%100==0

D. (x%100==0||x%4!=0)&&x%400==0

8. 循环语句中的 for 语句，其一般形式如下：

```
for(表达式 1;表达式 2;表达式 3) 语句
```

其中表示循环条件的是（　　）。

A. 表达式 1　　B. 表达式 2　　C. 表达式 3　　D. 语句

9. 以数组作为函数的参数时传递的数组的首地址，那么实参数组与形参数组之间的数据传递方式为（　　）。

A. 地址传递　　B. 单向值传递

C. 双向值传递　　D. 随机传递

10. 将字符串 str2 连接到字符串 str1 中应使用（　　）。

A. strcpy(str1,str2)　　B. strcat(str1,str2)

C. strcmp(str1,str2)　　D. strcat(str2,str1)

11. 若有以下定义 :int a[10],*p=a; 则 *(p+3) 表示的是（　　）。

A. 元素 a[3] 的地址　　B. 元素 a[3] 的值

C. 元素 a[4] 的地址　　D. 元素 a[4] 的值

12. 若有如下语句：int *p1,*p2;，则其中 int 所指的是（　　）。

A. p1 的类型　　B. *p1 和 *p2 的类型

C. p2 的类型　　D. p1 和 p2 所能指向变量的类型

13．若有如下说明：

```
int a[10]={1,2,3,4,5,6,7,8,9,10};
char  b='a',d,e;
```

则数值为 4 的表达式是（　　）。

A．a[4]　　B．a[d-b]　　C．a['d'-b]　　D．a[e-b]

14．有如下程序段，在 Turbo C 环境下运行的结果为（　　）。

```
main( )
{
   int i=2,p,k=1;
   p=f(i,++k);
   printf("I=%d,p=%d",k,p);
}
```

```
int f(int a,int b)
{  int c;
   if(a>b)c=1;
   else if(a==b)c=0;
   else c=-1;return(c);
}
```

A．1,0　　B．2,0　　C．2,-1　　D．1,1

15．若 fp 是指向某文件的指针，且已读到此文件末尾，则库函数 feof(fp) 的返回值是（　　）。

A．EOF　　B．0　　C．非零值　　D．NULL

（二）判断题（本大题 10 分，每小题 1 分）

1．在每个 C 语言的程序中都必须并且只能有一个 main( ) 函数。（　　）

2．在 C 语言中，整型数据与字符型数据在任何情况下都可以通用。（　　）

3．在 C 语言程序中，AHP 和 ahp 分别代表两个不同的标识符。（　　）

4．在 if 语句中，不可以没有 else 子句。（　　）

5．C 语言规定，简单变量做实参时，与其对应的形参之间是单向的值传递。（　　）

6．for 语句作为循环控制语句时，括号内的分号是用来分开表达式的，因此要根据需要加分号。（　　）

7．数组名也可作为函数参数使用，此时是地址传递。（　　）

8．C 程序有三种结构化程序设计方法，分别嵌套结构、选择结构和循环结构。（　　）

9．数组在定义时没有必要指定数组的长度，其长度可以在程序中根据元素个数再决定。（　　）

10．在定义指针型变量时指定的基类型为该指针变量所能指向的变量类型。（　　）

（三）填空题（本大题 5 分，每小题 1 分）

1．C 语言中的实型变量的类型有________、double 和 long double 三种。

2．在作为条件判断时，x 与 x!=0________。(本空填“等价”或“不等价”)。

3．若有 int x，则执行下面语句 x=5; x+=x-=x+x；后 x 值是________。

4．若有定义: int x=6,n=5;，则计算 x+=n++ 后 x 的值为________。

5．下面一段程序执行后变量 s 的值等于________。

```
int s=0,i,j;
for(i=1;i<=3;i++);
```

```
for(j=1;j<=i;j++) s=s+j;
```

（四）程序改错题（本大题28分，每小题14分）

1. 程序如下：

```
/*-----------------------------------------------------------
【程序改错】
-------------------------------------------------------------
给定程序中函数 fun() 的功能是：
找出 100 至 n（不大于 1000）之间三位数字相等的所有整数，把这些整数放在 s 所指数组中，个数作为函数值返回。
请改正函数 fun() 中指定部位的错误，使它能得出正确的结果。
注意：不要改动 main() 函数，不得增行或删行，也不得更改程序的结构！    */

#include <stdio.h>
#define N 100
int fun(int *s, int n)
{  int i,j,k,a,b,c;
   j=0;
   for(i=100;i<n;i++){

   /**********ERROR**********/
      k=n;
      a=k%10;k/=10;
      b=k%10;k/=10;

   /**********ERROR**********/
      c=k%10
      if(a==b && a==c)s[j++]=i;
   }
   return j;
}
main()
   {int a[N],n,num=0,i;
   do
   {printf("\nEnter n(<=1000):");scanf("%d",&n);}
   while(n>1000);
   num = fun(a,n);
   printf("\n\nThe result:\n");
   for(i=0;i<num;i++)printf("%5d",a[i]);
   printf("\n\n");
}
```

2. 程序如下：

```
/*-----------------------------------------------------------
【程序改错】
-------------------------------------------------------------
给定程序中函数 fun() 的功能是：
逐个比较 p、q 所指两个字符串对应位置中的字符，把 ASCII 值大或相等的字符依次存放到 c 所指数组中，形成一个新的字符串。例如，若主函数中 a 字符串为：aBCDeFgH，主函数中 b 字符串为：ABcd，则 c 中的字符串应为：aBcdeFgH。
请改正程序中的错误，使它能得出正确结果。
```

```
        注意：不要改动 main() 函数，不得增行或删行，也不得更改程序的结构。       */

#include <stdio.h>
#include <string.h>
void fun(char*p,char*q,char*c)
{

/**********ERROR**********/
   int k=1;

/**********ERROR**********/
      while(*p !=*q)
      {if(*p<*q)c[k]=*q;
         else c[k]=*p;
         if(*p)p++;
         if(*q)q++;
         k++;
      }
}
main()
{char a[10]="aBCDeFgH",b[10]="ABcd",c[80]={'\0'};
   fun(a,b,c);
   printf("The string a:");puts(a);
   printf("The string b:");puts(b);
   printf("The result:");puts(c);
}
```

五、程序填空题（本大题28分，每小题14分）

1. 程序如下：

```
 /*------------------------------------------------------
【程序填空】给定程序中，函数 fun() 的功能是：
-------------------------------------------------------
        统计整型变量 m 中各数字出现的次数，并存放到数组 a 中，其中：
        a[0] 存放 0 出现的次数，a[1] 存放 1 出现的次数……a[9] 存放 9 出现的次数。
        例如，若 m 为 14579233，则输出结果应为：0,1,1,2,1,1,0,1,0,1。
        请在程序的下画线处填入正确的内容并把下划线删除，使程序得出正确的结果。
        注意：不得增行或删行，也不得更改程序的结构！        */

#include <stdio.h>
void fun(int m,int a[10])
{  int i;
   for(i=0;i<10;i++)

/**********FILL**********/
      ___1___=0;
   while(m>0)
   {

/**********FILL**********/
      i=___2___;
      a[i]++;

/**********FILL**********/
```

```
        m=____3____;
    }
}
main()
{   int m,a[10],i;
    printf("请输入一个整数:");scanf("%d",&m);
    fun(m,a);
    for(i=0;i<10;i++)printf("%d,",a[i]);printf("\n");
}
```

2. 程序如下:

```
/*------------------------------------------------------
【程序填空】给定程序中,函数 fun() 的功能是:
-------------------------------------------------------
        对形参 s 所指字符串中下标为奇数的字符按 ASCII 码大小递增排序,并将排序后下标为奇数的字符
取出,存入形参 p 所指字符数组中,形成一个新串。
        例如,形参 s 所指的字符串为:baawrskjghzlicda,执行后 p 所指字符数组中的字符串应为:
aachjlsw。
        请在程序的下画线处填入正确的内容并把下画线删除,使程序得出正确的结果。
        注意:不得增行或删行,也不得更改程序的结构!    */

#include <stdio.h>
void fun(char *s,char *p)
{int i,j,n,x,t;
    n=0;
    for(i=0;s[i]!='\0';i++)n++;
    for(i=1;i<n-2;i=i+2){

/**********FILL**********/
        ____1____;

/**********FILL**********/
        for(j=____2____+2;j<n;j=j+2)
            if(s[t]>s[j])t=j;
        if(t!=i)
        {x=s[i];s[i]=s[t];s[t]=x;}
    }
    for(i=1,j=0;i<n;i=i+2,j++)p[j]=s[i];

/**********FILL**********/
    p[j]=____3____;
}
main()
{   char s[80]="baawrskjghzlicda",p[50];
    printf("\nThe original string is:%s\n",s);
    fun(s,p);
    printf("\nThe result is:%s\n",p);
}
```

六、程序设计题(本大题 14 分,每小题 14 分)

```
/*----------------------------------------------
```

【程序设计】

```
-------------------------------------------------------
```

功能：求大于 lim（lim 小于 100 的整数）并且小于 100 的所有素数并放在 aa 数组中，该函数返回所求出素数的个数。

```
*********Begin********** 和 *********End********** 不可删除

-----------------------------------------------------*/

#include<stdio.h>
#include<conio.h>
#define MAX 100

int fun(int lim,int aa[MAX])
{
   /*********Begin**********/


   /**********End**********/
}
main()
{
   int limit,i,sum;
   int aa[MAX];

   printf("Please Input aInteger:");
   scanf("%d",&limit);
   sum=fun(limit,aa);
   for(i=0;i<sum;i++){
      if(i%10==0&&i!=0)printf("\n");
      printf("%5d",aa[i]);
   }
   NONO();

}
NONO()
{
   int i,j,array[100],sum,lim;
   FILE *rf,*wf;
   rf=fopen("in.dat","r") ;
   wf=fopen("out.dat","w") ;
   for(j=0;j<=5;j++)
   {
      fscanf(rf,"%d",&lim);
      sum=fun(lim,array);
      for(i=0;i<sum;i++)
         fprintf(wf,"%7d",array[i]);
      fprintf(wf,"\n");
   }
   fclose(rf);
   fclose(wf);
}
```

三、综合自测题（三）

（一）选择题（本大题 15 分，每小题 1 分）

1. 下列有关 C 程序的说法中，正确的是（　　）。
   A. 一个 C 程序中只能有一个主函数且位置任意
   B. 一个 C 程序中可有多个主函数且位置任意
   C. 一个 C 程序中只能有一个主函数且位置固定
   D. 一个 C 程序中可以没有主函数
2. 以下叙述中不正确的是（　　）。
   A. 在 C 程序运算符中，逗号运算符优先级最低
   B. C 程序中，AHP 和 ahp 代表两个不同的变量
   C. C 程序中，整数和实数在内存中存放形式相同
   D. 在 C 程序中，% 是只能用于整数运算的运算符
3. 已知 ch 是字符型变量，下面不正确的赋值语句是（　　）。
   A. ch='\0'　　B. ch='a+b'　　C. ch='7'+'9'　　D. ch=7+9
4. 设有如下定义：

```
int x=10,y=5,z;
```

则语句 printf("%d\n",z=(x+=y,x/y)); 的输出结果是（　　）。

   A. 1　　B. 0　　C. 4　　D. 3

5. 设有如下定义：char ch='z'，则执行下面语句后变量 ch 是值为（　　）。

```
ch=('A'<=ch&&ch<='Z')?(ch+32):ch
```

   A. A　　B. a　　C. Z　　D. z

6. 若 x 和 y 都为 float 型变量，且 x=3.6, y=5.8 执行下列语句后输出结果为（　　）。

```
printf("%f",(x,y));
```

   A. 3.600000　　B. 5.800000
   C. 3.600000,5.800000　　D. 输出符号不够，输出不正确值

7. 设有两字符串 "Beijing"、"China" 分别存放在字符数组 str1[10],str2[10] 中，下面语句中能把 "China" 连接到 "Beijing" 之后的为（　　）。
   A. strcpy(str1,str2);　　B. strcpy(str1, "China");
   C. strcat(str1，"China")　　D. strcat("Beijing"，str2);
8. 以下对一维整型数组 a 的正确说明是（　　）。
   A. int a(10);　　B. int n=10,a[n];
   C. int n; scanf("%d",&n); int a[n];　　D. #define SIZE 10 int a[SIZE];
9. 设有如下程序段，则其执行结果为（　　）。

```
static int a[]={1,2,3,4},*p;int i;
```

```
p=a;(p+3)+=2;printf("%d",*(p+3));
```

A. 0　　B. 6　　C. a[3] 地址　　D. 不正确的值

10. 若 I 为整型变量，则下列程序段的运行结果为（　　）。

```
I=322;
if(I%2==0)printf("#####")
else printf("*****");
```

A. #####　　B. #####*****
C. *****　　D. 有语法错误，无法输出结果

11. 已知 int x=30,y=50,z=80; 以下语句执行后变量 x，y，z 的值分别为（　　）。

```
if(x>y||x<z&&y>z)
   z=x;x=y;y=z;
```

A. x=50, y=80, z=80　　B. x=50, y=30, z=30
C. x=30, y=50, z=80　　D. x=80, y=30, z=50

12. 下面程序段的运行结果是（　　）。

```
x=y=0;while(x<15)y++,x+=++y;
   printf("%d,%d",y,x);
```

A. 20, 7　　B. 6, 12　　C. 20, 8　　D. 8, 20

13. 若有语句 int * point, a =45; point = &a;，下面均代表同一变量地址的一组选项是（　　）。

A. &a point *&a　　B. &*a &a *point
C. point &point &a　　D. &a, &*point point

14. 以下程序的运行结果是（　　）。

```
main( )
{  int a=2,i;
   for(i=0;i<3;i++)printf("%4d",f(a));}
f(int a)
{  int b=0;static int c=3
   b++;c++;return(a+b+c);}
```

A. 7　10　13　　B. 7　7　7
C. 7　9　11　　D. 7　8　9

15. 若有如下定义：

```
int a[3][3]={1,2,3,4,5,6,7,8,9}, i ;
for(i=0;i<=2;i++)printf("%d",a[i][2-i]);
```

则下列语句的输出结果是（　　）。

A. 3　5　7　　B. 3　6　9
C. 1　5　9　　D. 1　4　7

（二）判断题（本大题 10 分，每小题 1 分）

1. C 语言本身没有输入输出语句，输入输出操作都是通过调用库函数来实现的。 （ ）

2. 在 C 语言中，int、char 和 short 三种类型数据在内存中所占用的字节数都是由用户自己定义的。 （ ）

3. 在 C 程序中一行内可以写几个语句，一个语句可以分写在多行上。因此，并不是每一条 C 语句都必须有一个分号的。 （ ）

4. 在 C 语言的 if 语句中，用作条件判断的表达式只能是关系和逻辑表达式。 （ ）

5. 在 C 语言中 break 和 continue 都是循环中途退出语句，其中 break 语句用来跳出一层循环结构；continue 语句用来结束一次循环。 （ ）

6. C 语言中 while 和 do…while 循环的主要区别是 while 语句的循环体至少会被执行一次，而 do…while 语句的循环体则可能一次也不执行。 （ ）

7. 数组首地址不仅能通过数组中第一个元素的地址表示，也可以通过数组名来表示。（ ）

8. 在 C 语言中，只有在两个字符串所包含的字符个数相同时，才能比较大小。如字符串 "That" 与 "The" 就不能进行大小比较。 （ ）

9. 函数的返回值类型是由函数的类型和 return 语句中表达式的类型共同决定的，当这两类型不一致时最终起决定作用的是 return 中表达式的类型。 （ ）

10. 定义指针变量时指定的类型称为基类型，基类型是指针变量所指向变量的类型，因此指针变量被定义之后都只能指向某一类型的变量。 （ ）

（三）填空题（本大题 5 分，每小题 1 分）

1. C 语言中的预处理命令都是以字符________开始。

2. 能表示一个整数即是奇数又是 3 的倍数的表达式是________。

3. 假设所有变量均为整型，则表达式 (a=2,b=5,a+10,++b,a+b) 的值为________。

4. 基于 C 语言，字符串常量 "hello" 存储时占用________个字节。

5. 有以下程序，运行结果是________。

```
void fun(char **p)
{   ++p; printf("%s\n",*p);}
    main()
{   char *a[]={"Morning","Afternoon","Evening","Night"};
    fun(a);
}
```

（四）程序改错题（本大题 28 分，每小题 14 分）

1. 程序如下：

```
/*------------------------------------------------------------
【程序改错】
--------------------------------------------------------------
    给定程序中函数 fun() 的功能是:
        根据整型形参 m，计算如下公式的值。
```

$$y=1+\frac{1}{2*2}+\frac{1}{2*2}+\frac{1}{2*2}+\cdots+\frac{1}{m*m}$$

```
        例如，若 m 中的值为: 5，则应输出: 1.463611。
```

```
        请改正程序中的错误，使它能得出正确的结果。
        注意：不要改动main函数，不得增行或删行，也不得更改程序的结构！      */

#include <stdio.h>
double fun(int m)
{double y=1.0;
   int i;

/**********ERROR**********/
   for(i=2;i<m;i++)

/**********ERROR**********/
      y+=1/(i*i);
   return(y);
}
main()
{  int n=5;
   printf("\nThe result is %lf\n",fun(n));
}
```

2. 程序如下：

```
/*------------------------------------------------------
【程序改错】
--------------------------------------------------------

功能：一个整数，它加上100后是一个完全平方数，再加上168又是一个完全平方数，请问该数是多少？

------------------------------------------------------*/

#include "stdio.h"
#include "math.h"

main()
{
   long int i,x,y,z;
   /**********ERROR**********/
   for(i==1;i<100000;i++)
   {
      /**********ERROR**********/
      x=sqrt(i+100)
      y=sqrt(i+268);
      /**********ERROR**********/
      if(x*x==i+100||y*y==i+268)
         printf("\n%ld\n",i);
   }
}
```

（五）程序填空题（本大题28分，每小题14分）

1. 程序如下：

```
/*------------------------------------------------------
```

```
【程序填空】
--------------------------------------------------------

功能：利用全局变量计算长方体的体积及三个面的面积。

-------------------------------------------------------*/
#include "stdio.h"
int s1,s2,s3;
int vs(int a,int b,int c)
{
   int v;
   /***********FILL***********/
   v=_____;
   s1=a*b;
   /***********FILL***********/
   s2=_____;
   s3=a*c;
   return v;
}

main()
{
   int v,l,w,h;
   printf("\ninput length,width and height: ");
   /***********FILL***********/
   scanf("%d%d%d",_________,&w,&h);
   /***********FILL***********/
   v=_________;
   printf("v=%d s1=%d s2=%d s3=%d\n",v,s1,s2,s3);
}
```

2. 程序如下：

```
/*-------------------------------------------------------
【程序填空】给定程序中，函数 fun() 的功能是：
-------------------------------------------------------
      有 N×N 矩阵，以主对角线为对称线，对称元素相加并将结果存放在左下三角元素中，右上三角元素置为 0。
      例如，若 N=3，有下列矩阵：
              1    2    3
              4    5    6
              7    8    9
      计算结果为
              1    0    0
              6    5    0
              10   14   9
      请在程序的下画线处填入正确的内容并把下画线删除，使程序得出正确的结果。
      注意：不得增行或删行，也不得更改程序的结构！        */

#include <stdio.h>
#define N 4

/*********FILL*********/
void fun(int(*t)____1____)
```

```
{  int i,j;
   for(i=1;i<N;i++)
   {  for(j=0;j<i;j++)
      {

/**********FILL**********/
         ____2____=t[i][j]+t[j][i];

/**********FILL**********/
         ____3____=0;
      }
   }
}
main()
{  int t[][N]={21,12,13,24,25,16,47,38,29,11,32,54,42, 21,33,10},i,j;
   printf("\nThe original array:\n");
   for(i=0;i<N;i++)
   {  for(j=0;j<N;j++)printf("%2d",t[i][j]);
      printf("\n");
   }
   fun(t);
   printf("\nThe result is:\n");
   for(i=0;i<N;i++)
   {  for(j=0;j<N;j++)printf("%2d",t[i][j]);
      printf("\n");
   }
}
```

（六）程序设计题（本大题 14 分）

```
/*------------------------------------------------------
【程序设计】
--------------------------------------------------------
功能：计算出 k 以内最大的 10 个能被 13 或 17 整除的自然数之和。（k<3000）。
*********Begin********** 和 **********End********** 不可删除

------------------------------------------------------*/

#include "stdio.h"
#include "conio.h"
void TestFunc();

int fun(int k)
{
   /**********Begin**********/



   /**********End**********/

}
```

```
void main()
{
   int m;
   printf("Enter m:");
   scanf("%d",&m);
   printf("\nThe result is %d\n",fun(m));
   TestFunc();
}

void TestFunc()
{
   FILE *IN,*OUT;
   int s;
   int t;
   int o;

   IN=fopen("in.dat","r");
   if(IN==NULL)
   {
      printf("Read File Error");
   }
   OUT=fopen("out.dat","w");
   if(OUT==NULL)
   {
      printf("Write File Error");
   }
   for(s=1;s<=5;s++)
   {
      fscanf(IN,"%d",&t);
      o=fun(t);
      fprintf(OUT,"%d\n",o);
   }
   fclose(IN);
   fclose(OUT);
}
```

四、综合自测题（四）

（一）选择题（本大题 15 分，每小题 1 分）

1. 在 C 语言中，反斜杠符是（　　）。

   A. \n　　B. \t　　C. \v　　D. \\

2. 表达式 18/4*sqrt(4.0)/8 值的数据类型为（　　）。

   A. int　　B. float　　C. double　　. 不确定

3. 设整型变量 a 值为 9，则下列表达式中使 b 的值不为 4 的表达式（　　）。

   A. b=a/2　　B. b=a%2

   C. b=8-(3,a-5)　　D. b=a>5?4:2

4. 已知变量 C1 为字符型变量，下面不正确的赋值语句是（　　）。

   A. C1 = 'abc'　　B. C1= '\0'

   C. C1 = '7' + '9'　　D. C1= 7 + 9

5. 以下程序的输出结果是（　　）。（注：▂表示空格）

```
main( )
{printf("\n*s1=%8s*","china");
 printf("\n*s2=%-5s*","chi");}
```

A. *s1=china▂▂▂*
s2=chi

B. *s1=china▂▂▂*
s2=chi▂▂

C. *s1=▂▂▂china*
s2=▂▂chi

D. *s1=▂▂▂china*
s2=chi▂▂

6. 设 a、b 和 c 是 int 型变量，且 a=2,b=4,c=6, 则下面表达式中值为 0 的是（　　）。

A. 'a' + 'b'
B. a<=b
C. a||b+c&&b-c
D. !((a<b) &&!c || 1)

7. 已知 int x=10,y=20,z=30; 以下语句执行后变量 x，y，z 的值分别为（　　）。

```
if(x>y||x<z&&y>z)
{ z=x;x=y;y=z;}
```

A. x=10, y=20, z=30
B. x=20, y=30, z=30
C. x=20, y=30, z=10
D. x=20, y=30, z=20

8. 下列字符串赋值语句中，不能正确把字符串 C program 赋给数组的语句是（　　）。

A. char a1[]={'C', ' ', 'p', 'r', 'o', 'g', 'r', 'a', 'm'}
B. char a2[10]; strcpy(a2, "C program");
C. char a3[10]; a3= "C program";
D. char a4[10]={ "C program"}

9. 用 scanf( ) 函数输入一个字符串到数组 str 中，下面正确的语句是（　　）。

A. scanf("%s",&str);
B. scanf("%c",&str[10]);
C. scanf("%s", str) ;
D. scanf("%s",str[10]);

10. C 语言规定，C 程序的各函数之间（　　）。

A. 允许嵌套调用，但不允许嵌套定义
B. 不允许嵌套调用，但允许嵌套定义
C. 不允许嵌套调用，也不允许嵌套定义
D. 允许嵌套调用，也允许嵌套定义

11. 若有如下定义和语句：

```
char s[12]="a_book!";
printf("%d",strlen(s));
```

则输出结果是（　　）。

A. 12
B. 10
C. 7
D. 6

12. 下面程序的运行结果是（　　）。

```
#include <stdio.h>
```

```
main()
{  int y=10;
   do{y--;}while(--y);
   printf("%d\n",y--);}
```

A. -1　　B. 1　　C. 8　　D. 0

13. 下面函数调用语句中实参的个数为（　　）。

```
func((exp1,exp2),(exp3,exp4,exp5))
```

A. 1　　B. 2　　C. 4　　D. 5

14. 有如下语句 int a=10,b=20,*p1,*p2; p1=&a; p2=&b; 如图1所示；若实现如图2所示的存储结构，可选用的赋值语句是（　　）。

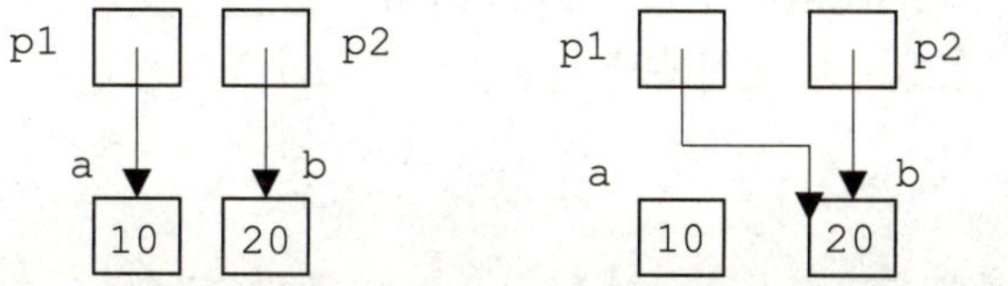

p1 p2 a b 10 20

图1

p1 p2 a b 10 20

图2

A. *p1=*p2　　B. p1=p2　　C. p1=*p2　　D. *p1=p2

15. 以下对结构体类型变量的定义中不正确的是（　　）。

A. #define STUDENT struct student
STUDENT
{ int num;
float age;}std1;

B. struct student
{ int num;
float age;
}std1;

C. struct
{ int num;
float age;
}std1;

C. struct
{ int num;
float age; }student;
struct student std1;

（二）判断题（本大题10分，每小题1分）

1. 在每个C文件中都必须并且只能有一个main( )函数。（　　）
2. 在C语言中，整型数据与实型数据在任何情况下都可以通用。（　　）
3. 在C语言程序中，happy是正确的标识符。（　　）
4. 在if语句中，if子句与else子句都可以单独使用，构成了if语句的两种默认形式。（　　）
5. C语言规定，简单变量做实参时，与其对应的形参之间是双向的值传递。（　　）
6. 数组在定义时要求指定数组类型，数组名及数组长度，其中表示数组长度的表达式可以是任意类型的常量表达式。（　　）
7. 在发生函数调用时，主～被调函数中的参数可以是简单变量，也可以是数组名，当采用数组名作为参数时其数据传递方式为单向值传递。（　　）
8. C语言的一个重要特点是能够直接处理物理地址，其指针类型数据就是用来存放变量地址的。（　　）

9. 字符串是C语言中一种基本数据类型，字符串总是以 '\n' 作为结束标志。 ( )

10. C程序的三种结构化程序设计方法分别顺序结构、选择结构和循环结构，由这三种结构组成的程序可以解决任何复杂的问题。 ( )

（三）填空题（本大题5分，每小题1分）

1. 若a和b都是int型变量，函数scanf("%3d%2d",&a,&b)对应的键盘输入数据是“2618223 <回车>”，则该函数执行后，变量b的值等于________。

2. 执行下列程序段后，y的值为________。

```
int x,y,z,m,n;m=9;n=4;
x=(--m==n++)?--m:++n;
y=m++;
```

3. 定义 int i=1; 执行语句 while(i++<5); 后，i的值为________。

4. 若a由下面的语句定义，则a[2]包含________个int型变量。

```
int a[5][8],i,j;
```

5. 局部变量的存储类别有auto、static和register三种，其中________是局部变量的默认存储类别。

（四）程序改错题（本大题28分，每小题14分）

1. 程序如下：

```
/*----------------------------------------------------------
【程序改错】
------------------------------------------------------------
给定程序中函数 fun() 的功能是：
        为一个偶数寻找两个素数，这两个素数之和等于该偶数，并将这两个素数通过形参指针传回主函数。
        请改正函数 fun() 中指定部位的错误，使它能得出正确的结果。
        注意：不要改动 main() 函数，不得增行或删行，也不得更改程序的结构！    */

#include <stdio.h>
#include <math.h>
void fun(int a,int *b,int *c)
{  int i,j,d,y;
   for(i=3;i<=a/2;i=i+2){

/**********ERROR**********/
      Y=1;
      for(j=2;j<=sqrt((double)i);j++)
         if(i%j==0)y=0;
      if(y==1) {

/**********ERROR**********/
         d==a-i;
         for(j=2;j<=sqrt((double)d);j++)
            if(d%j==0)y=0;
         if(y==1)
         {*b=i;*c=d;}
      }
```

```
    }
}
main()
{  int a,b,c;
   do
   {printf("\nInput a:");scanf("%d",&a);}
   while(a%2);
   fun(a,&b,&c);
   printf("\n\n%d=%d+%d\n",a,b,c);
}
```

2. 程序如下：

```
【程序改错】
--------------------------------------------------------
  给定程序中函数 fun() 的功能是：
      从 n（形参）个学生的成绩中统计出低于平均分的学生人数，
      此人数由函数值返回，平均分存放在形参 aver 所指的存储单元中。
      例如，若输入 8 名学生的成绩：80.5  60  72  90.5  98  51.5  88  64
      则低于平均分的学生人数为：4（平均分为：75.5625 ）。
      请改正程序中的错误，使它能统计出正确的结果。
      注意：不要改动 main() 函数，不得增行或删行，也不得更改程序的结构！     */

#include <stdio.h>
#define N 20
int fun(float *s, int n,float *aver)
{float ave,t=0.0;
   int count=0,k,i;
   for(k=0;k<n;k++)

/**********ERROR**********/
      t=s[k];
   ave=t/n;
   for(i=0;i<n;i++)
      if(s[i]<ave)count++;

/**********ERROR**********/
   *aver=Ave;
   return count;
}
main()
{  float s[30],aver;
   int m,i;
   printf("\nPlease enter m:");scanf("%d",&m);
   printf("\nPlease enter %d mark:\n",m);
   for(i=0;i<m;i++)scanf("%f",s+i);
   printf("\nThe number of students:%d\n",fun(s,m,&aver));
   printf("Ave=%f\n",aver);
}
```

（五）程序填空题（本大题 28 分，每小题 14 分）

1. 程序如下：

```
/*--------------------------------------------------------
```

```
【程序填空】给定程序中，函数fun()的功能是：
----------------------------------------------------------------
        在形参s所指字符串中寻找与参数c相同的字符，并在其后插入一个与之相同的字符，若找不到相
同的字符则函数不做任何处理。
        例如，s所指字符串为：baacda，c中的字符为：a，执行后s所指字符串为：baaaacdaa。
        请在程序的下画线处填入正确的内容并把下画线删除，使程序得出正确的结果。
        注意：不得增行或删行，也不得更改程序的结构！      */

#include <stdio.h>
void fun(char *s,char c)
{int i,j,n;

/**********FILL**********/
   for(i=0;s[i]!=____1____; i++)
      if(s[i]==c)
      {

/**********FILL**********/
         n=____2____;
         while(s[i+1+n]!='\0')n++;
         for(j=i+n+1;j>i;j--)s[j+1]=s[j];

/**********FILL**********/
         s[j+1]=____3____;
         i=i+1;
      }
}
main()
{  char s[80]="baacda",c;
   printf("\nThe string:%s\n",s);
   printf("\nInput a character:");scanf("%c",&c);
   fun(s,c);
   printf("\nThe result is:%s\n",s);
}
```

2. 程序如下：

```
/*--------------------------------------------------------------
【程序填空】给定程序中，函数fun()的功能是：
----------------------------------------------------------------
        将N×N矩阵中元素的值按列右移1个位置，右边被移出矩阵的元素绕回左边。
        例如，N=3，有下列矩阵
             1    2    3
             4    5    6
             7    8    9
        计算结果为
             3    1    2
             6    4    5
             9    7    8
        请在程序的下画线处填入正确的内容并把下画线删除，使程序得出正确的结果。
        注意：不得增行或删行，也不得更改程序的结构！      */

#include <stdio.h>
```

```
#define N 4
void fun(int(*t)[N])
{int i,j,x;

/**********FILL**********/
   for(i=0;i<____1____;i++)
   {

/**********FILL**********/
      x=t[i][____2____];
      for(j=N-1;j>=1;j--)
         t[i][j]=t[i][j-1];

/**********FILL**********/
      t[i][____3____]=x;
   }
}
main()
{  int t[][N]={21,12,13,24,25,16,47,38,29,11,32,54,42,21,33,10},i,j;
   printf("The original array:\n");
   for(i=0;i<N;i++)
   {for(j=0;j<N;j++)printf("%2d",t[i][j]);
      printf("\n");
   }
   fun(t);
   printf("\nThe result is:\n");
   for(i=0;i<N;i++)
   {  for(j=0;j<N;j++)printf("%2d",t[i][j]);
      printf("\n");
   }
}
```

（六）程序设计题（本大题 14 分）

```
/*------------------------------------------------------
【程序设计】
--------------------------------------------------------
/*     函数 fun() 的功能是：将 s 所指字符串中下标为偶数的字符删除，串中剩余字符形成的新串放在 t
所指数组中。
      例如，当 s 所指字符串中的内容为："ABCDEFGHIJK"，在 t 所指数组中的内容应是："BDFHJ"。
      注意：部分源程序存在文件 prog.c 中。
      请勿改动主函数 main() 和其他函数中的任何内容，仅在函数 fun() 的花括号中填入你编写的若干语句。
*********Begin********** 和 **********End********** 不可删除
*/


#include <conio.h>
#include <stdio.h>
#include <string.h>
#include <windows.h>
void fun(char *s,char t[])
{
```

```
    /**********Begin**********/



    /**********End***********/

}

NONO()
{/* 本函数用于打开文件，输入数据，调用函数，输出数据，关闭文件。 */
   char s[100],t[100];
   FILE *rf,*wf;
   int i;

   rf=fopen("bc02.dat","r");
   wf=fopen("bc02.out","w");
   for(i=0;i<10;i++){
      fscanf(rf,"%s",s);
      fun(s,t);
      fprintf(wf,"%s\n",t);
   }
   fclose(rf);
   fclose(wf);
}
main()
{
   char s[100],t[100];
   system("cls");
   printf("\nPlease enter string S:");scanf("%s",s);
   fun(s,t);
   printf("\nThe result is:%s\n",t);
   NONO();
}
```

五、综合自测题（五）

（一）选择题（本大题 15 分，每小题 1 分）

1. 下列说法正确的是（　　）。
   A. 在执行 C 程序时不是从 main( ) 函数开始的
   B. C 程序书写格式严格限制，一行内必须写一个语句
   C. C 程序书写格式自由，一个语句可以分写在多行上
   D. C 程序书写格式严格限制，一行内必须写一个语句，并要有行号
2. 设有以下定义，则能使值为 3 的表达式是（　　）。

```
int k=7,x=12;
```

   A. x%=(k%=5)　　B. x%=(k-k%5)
   C. x%=k　　D. (x%=k)-(k%=5)

3. 以下选项中是 C 语言的数据类型的是（　　）。

A. 复数型　　B. 逻辑型

C. 双精度型　　D. 集合型

4. 下面能正确表示变量 a 在区间 [0，5] 或（6，10）内的表达式为（　　）。

A. 0<=a || a<=5 ||6 <a || a<10

B. 0<=a&&a<=5 || 6<a&&a<10

C. (0<=a||a<=5)&&(6<a||a<10)

D. 0<=a&&a<=5&&6<a&&a<10

5. 已知字母 A 的 ASCII 码为十进制 65，下面程序段的运行结果为（　　）。

```
char ch1,ch2;
ch1='A'+5-3;ch2='A'+6-3;
printf("%d,%c\n",ch1,ch2);
```

A. 67, D　　B. B, C

C. C, D　　D. 不确定值

6. 根据定义和数据的输入方式，输入语句的正确形式为（　　）。

```
已有定义:float a1,a2;
数据的输入方式: 4.523
                3.52
```

A. scanf ("%f %f ", &a1,&a2);

B. scanf ("%f ,%f ", a1, a2);

C. scanf ("%4.3f ,%3.2f ", &a1,&a2);

D. scanf ("%4.3f %3.2f ", a1,a2);

7. 在 C 语言中，多分支选择结构语句为:

```
switch (c)
{   case 常量表达式 1: 语句 1;
    …
    case 常量表达式 n-1: 语句 n-1;
    default            语句 n;
}
```

其中括号内表达式 c 的类型（　　）。

A. 可以是任意类型　　B. 只能为整型

C. 可以是整型或字符型　　D. 可以为整型或实型

8. 以下能对二维数组 a 进行正确说明和初始化的语句是（　　）。

A. int a( )(3)={ (1, 0, 1), (2, 4, 5) }

B. int a[2][]={ { 3, 2, 1 }, { 5, 6, 7 } }

C. int a[][3]={ { 3, 2, 1 }, { 5, 6, 7 } }

D. int a(2)( )={ (1, 0, 1), (2, 4, 5) }

9. 下面有关形参的说明语句中正确的是（　　）。

A. 形参在被调函数中定义，当被调定义完后形参就将占用内存空间，并将获得值

B. 形参只有在发生函数调用时才会被分配内存空间，才会获得值，且调用结束后又会消失

C. 形参将会在程序编译阶段获得内存空间和值，且在整个程序运行过程中都将保持

D. 以上说法都不正确

10. 以下程序的输出结果是（　　）。

```
main( )
{int I=012,j=12,k=0x12;
printf("%d,%d,%d\n",I,j,k);
```

A. 10, 12, 18　　　　B. 12, 12, 12

C. 10, 12, 12　　　　D. 12, 12, 18

11. 以下叙述中不正确的是（　　）。

A. C 语言中的文本文件以 ASCII 码形式存储数据

B. C 语言中对二进制位的访问速度比文本文件快

C. C 语言中，随机读写方式不使用于文本文件

D. C 语言中，顺序读写方式不使用于二进制文件

12. 以下程序的运行结果是（　　）。

```
main( )
{   int n=4;
    while(n--)
    printf("%2d",--n);}
```

A. 2　0　　　　B. 3　1

C. 3　2　1　　　　D. 2　1　0

13. 以下程序的功能是：按顺序读入 10 名学生的 4 门课程的成绩，计算出每位学生的平均分并输出，程序如下：

```
main( )
{   int n,k;
    float score,sum,ave;
    sum=0.0;
    for(n=1;n<=10;n++)
    {   for(k=1;k<=4;k++)
        {scanf("%f",&score);sum+=score};}
        ave=sum/4.0;
        printf("NO%d:%f\n",n,ave);
    }
}
```

上述程序有一条语句出现在程序的位置不正确。这条语句是（　　）。

A. sum=0.0;　　　　B. sum+=score;

C. ave=sum/4.0;　　　　D. printf("NO%d:%f\n",n,ave);

14. 设有如下函数定义:

```
int f(char * s)
{char *p=s;
while(*p!='\0')p++;
return(p-s);}
```

如果在主函数中用下面语句调用该函数，则输出结果应为（　　）。

```
printf("%d\n",f("goodbye!"));
```

A. 3　　B. 6　　C. 8　　D. 0

15. 下面程序的输出结果是（　　）。

```
int m=13;
int fun(int x,int y)
{int m=3;
return(x*y-m);}
main()
{  int a=7,b=5;
   printf("%d\n",fun(a,b)/m);}
```

A. 1　　B. 2　　C. 7　　D. 10

（二）判断题（本大题 10 分，每小题 1 分）

1. C 程序是按书写的顺序执行的。（　　）
2. 在 C 语言中，int、char 和 short 三种类型数据在内存中所占用的字节数都是一样的。（　　）
3. 在 C 程序中语句是以分号结束的。（　　）
4. 在 C 语言的 if 语句中，else 可以单独出现。（　　）
5. 在C语言中break和continue都是循环中途退出语句，其中break语句用来跳出一次循环结构；continue 语句用来结束一层循环。（　　）
6. C 语言中 while 和 do…while 循环的主要区别是 do…while 语句的循环体至少会被执行一次，而 while 语句的循环体则可能一次也不执行。（　　）
7. 数组首地址不仅能通过数组中第一个元素的地址表示，也可以通过数组名来表示。（　　）
8. 在 C 语言中，函数 strcpy( ) 是用来连接字符串的。（　　）
9. 函数的返回值类型是由函数的类型和 return 语句中表达式的类型共同决定的，当这两类型不一致时最终起决定作用的是 return 中表达式的类型。（　　）
10. 由于指针变量存储的是地址，指针变量被定义之后可以指向任一类型的变量。（　　）

（三）填空题（本大题 5 分，每小题 1 分）

1. 对应 scanf("a=%d,b=%d",&a,&b); 语句的输入 a 为 3，b 为 7 的键盘输入格式是________.
2. 当 a=1，b=2，c=3 时，执行以下程序段后，a 的值为________.

```
if(a>c)
   b=a;
```

```
    a=c;
    c=b;
```

3. 当________语句用于 do…while、for、while 循环语句中时，可使程序终止循环而执行循环后面的语句。

4. 下面程序段的输出结果为________。

```
char s1[30]="SHANGHAI",s2[30]="JINAN";
printf("%d",strcmp(strcpy(s1,s2),s2));
```

5. 若有以下定义和语句：

```
int a[4]={0,1,2,3},*p;
p=&a[2];
```

则 *--p 的值是________。

（四）程序改错题（本大题 28 分，每小题 14 分）

1. 程序如下：

```
【程序改错】
------------------------------------------------------------
功能：编写函数 fun() 计算下列分段函数的值：
            x*20        x<0 且 x ≠ -3
      f(x)=sin(x)       0<=x<10 且 x!=2 及 x!=3
            x*x+x-1     其他
-----------------------------------------------------------*/

#include "math.h"
#include "stdio.h"

float fun(float x)
{
   /**********ERROR**********/
   float y
   /**********ERROR**********/
   if(x<0||x!=-3.0)
      y=x*20;
   else if(x>=0 && x<10.0 && x!=2.0 && x!=3.0)
      y=sin(x);
   else y=x*x+x-1;
   /**********ERROR**********/
   return x;
}

main()
{
   float x,f;
   printf("Input x=");
   scanf("%f",&x);
   f=fun(x);
   printf("x=%f,f(x)=%f\n",x,f);
```

```
}
```

2. 程序如下：

```
/*----------------------------------------------------------
【程序改错】
------------------------------------------------------------
给定程序中函数 fun() 的功能是:
        统计一个无符号整数中各位数字值为零的个数，通过形参传回主函数；并把该整数中各位上最大的
数字值作为函数值返回。
        例如，若输入无符号整数 30800，则数字值为零的个数为 3，各位上数字值最大的是 8。
        请改正函数 fun() 中指定部位的错误，使它能得出正确的结果。
        注意：不要改动 main() 函数，不得增行或删行，也不得更改程序的结构！    */

#include <stdio.h>
int fun(unsigned n,int *zero)
{  int count=0,max=0,t;
   do
   {  t=n%10;

/**********ERROR**********/
      if(t=0)
      count++;
      if(max<t)max=t;
      n=n/10;
   }while(n);

/**********ERROR**********/
   zero=count;
   return max;
}
main()
{  unsigned n;int zero,max;
   printf("\nInput n(unsigned):");scanf("%d",&n);
   max=fun(n,&zero);
   printf("\nThe result:max=%d zero=%d\n",max,zero);
}
```

（五）程序填空题（本大题 28 分，每小题 14 分）

1. 程序如下：

```
/*----------------------------------------------------------
【程序填空】给定程序中，函数 fun() 的功能是:
------------------------------------------------------------
        将 N×N 矩阵主对角线元素中的值与反向对角线对应位置上元素中的值进行交换。
        例如，若 N=3，有下列矩阵:
            1    2    3
            4    5    6
            7    8    9
        交换后为:
            3    2    1
            4    5    6
```

```
        9    8    7
    请在程序的下画线处填入正确的内容并把下画线删除，使程序得出正确的结果。
    注意：不得增行或删行，也不得更改程序的结构！      */

#include <stdio.h>
#define N 4

/**********FILL**********/
void fun(int ___1___,int n)
{int i,s;

/**********FILL**********/
   for(___2___;i++)
   {s=t[i][i];
      t[i][i]=t[i][n-i-1];

/**********FILL**********/
      t[i][n-1-i]=___3___;
   }
}
main()
{  int t[][N]={21,12,13,24,25,16,47,38,29,11,32,54,42,21,33,10},i,j;
   printf("\nThe original array:\n");
   for(i=0;i<N; i++)
   {  for(j=0;j<N; j++)printf("%d",t[i][j]);
      printf("\n");
   }
   fun(t,N);
   printf("\nThe result is:\n");
   for(i=0;i<N;i++)
   {  for(j=0;j<N;j++)printf("%d",t[i][j]);
      printf("\n");
   }
}
```

2. 程序如下：

```
/*------------------------------------------------------------
【程序填空】给定程序中，函数 fun() 的功能是：
--------------------------------------------------------------
    统计形参 s 所指字符串中数字字符出现的次数，并存放在形参 t 所指的变量中，最后在主函数中输出。
    例如，形参 s 所指的字符串为：abcdef35adgh3kjsdf7。输出结果为：4。
    请在程序的下画线处填入正确的内容并把下画线删除，使程序得出正确的结果。
    注意：不得增行或删行，也不得更改程序的结构！      */

#include <stdio.h>
void fun(char *s,int *t)
{int i,n;
   n=0;

/**********FILL**********/
   for(i=0;___1___!=0;i++)
```

```
/**********FILL**********/
      if(s[i]>='0'&&s[i]<=____2____)n++;

/**********FILL**********/
   ____3____;
}
main()
{  char s[80]="abcdef35adgh3kjsdf7";
   int t;
   printf("\nThe original string is:%s\n",s);
   fun(s,&t);
   printf("\nThe result is:%d\n",t);
}
```

（六）程序设计题（本大题 14 分）

```
/*------------------------------------------------------
【程序设计】
--------------------------------------------------------

功能：请编写函数 fun()，它的功能是：求出 ss 所指字符串中指定字符的个数，并返回此值。
*********Begin********** 和 **********End********** 不可删除

------------------------------------------------------*/
void TestFunc();
#include <stdio.h>
#include <string.h>
#define M 81
int fun(char ss[],char c)
{
   /*********Begin**********/


   /**********End**********/
}

main()
{  char a[M],ch;
   printf("\nPlease enter a string:");
   gets(a);
   printf("\nPlease enter a char:");
   ch=getchar();
   printf("\nThe number of the char is:%d\n",fun(a,ch));
   TestFunc();
}

void TestFunc()
{
   FILE *IN,*OUT;
   char i[200],j;int k;
```

```
    IN=fopen("in.dat","r");
    if(IN==NULL)
    {
       printf("Read FILE Error");
    }
    OUT=fopen("out.dat","w");
    if(OUT==NULL)
    {
       printf("Write FILE Error");
    }
    fscanf(IN,"%s %c",i,&j);
    k=fun(i,j);
    fprintf(OUT,"%d\n",k);

    fclose(IN);
    fclose(OUT);
}
```

综合模拟测试题参考答案

一、综合自测题（一）

（一）选择题

1 ~ 5　D　A　A　A　A　　6 ~ 10　B　C　D　D　D

11 ~ 15　C　B　C　D　A

（二）判断题

1. ×　2. ✓　3. ×　4. ×　5. ✓

6. ×　7. ✓　8. ×　9. ✓　10. ×

（三）填空题

1. 7　2. 16　3. 8　4. 动态或 auto　5. 22

（四）程序改错题

1.

位置 1: for(i=0;i<10;i++)【或】for(i=0;i<=9;i++)

位置 2: end=a[9];

位置 3: a[10]=number;

位置 4: if(a[i]>number)

2.

位置 1: float fun(int n)

位置 2: for (i=2; i<=n; i++)

位置 3: A = 1.0/(1+A);【或】A=1.0/(A+1);【或】1.0/(1.0+A);

（五）程序填空题

1.

位置 1: \0

位置 2: %c

2.

位置 1: s+=1.0/i【或】s+=1/i【或】s=s+1.0/i【或】s=s+1/i

位置 2: sum+=f(i)【或】sum=sum+f(i)

位置 3: %f

（六）程序设计题

```
int s=0;
int i,j;
for(i=0;i<M;i++)
      s=s+a[i][0]+a[i][N-1];
for(j=1;j<N-1;j++)
      s=s+a[0][j]+a[M-1][j];
return s;
```

二、综合自测题（二）

（一）选择题

1~5　D　A　B　D　B　　　6~10　C　A　B　A　B

11~15　B　D　C　B　C

（二）判断题

1. ✓　2. ×　3. ✓　4. ×　5. ✓

6. ×　7. ✓　8. ×　9. ×　10. ✓

（三）填空题

1. float　2. 等价　3. -10　4. 11　5. 10

（四）程序改错题

1.

位置 1: k=i;

位置 2: c=k%10;

2.

位置 1: int k=0;

位置 2: while(*p||*q)

（五）程序填空题

1.

位置 1: a[i]

位置 2: m%10

位置 3: m/10

2.

位置 1: t=i

位置 2: i

位置 3: '\0'【或】0

（六）程序设计题

```
int n=0;
int i,j;
for(i=lim;i<=100;i++)
{   for(j=2;j<i;j++)
    if(i%j==0)break;
    if(j==i)aa[n++]=i;
}
return n;
```

三、综合自测题（三）

（一）选择题

1~5　A　C　B　D　D　　6~10　B　C　D　D　A

11~15　A　D　D　D　A

（二）判断题

1. ✓　2. ×　3. ×　4. ×　5. ✓

6. ×　7. ✓　8. ×　9. ×　10. ✓

（三）填空题

1. #　2. y%2!=0&&y%3==0 或 y%2==1&&y%3==0　3. 8　4. 6 或六

5. Afternoon

（四）程序改错题

1.

位置 1: for(i=2;i<=m;i++)

位置 2: y+=1.0/(i*i);

2.

位置 1: for (i=1;i<100000;i++)

位置 2: x=sqrt(i+100);

位置 3: if(x*x==i+100&&y*y==i+268)

（五）程序填空题

1.

位置 1: a*b*c【或】a*b*c

位置 2: b*c【或】b*c

位置 3: &l

位置 4: vs(l,w,h)【或】vs(l,w,h)

2.

位置 1: [N]

位置 2: t[i][j]

位置 3: t[j][i]

（六）程序设计题

```
int a=0,b=0,j;
while((k>=2)&&(b<10))
{   if((k%13==0)||(k%17==0))
    {a=a+k;b++;}
    k--;
}
return a;
```

四、综合自测题（四）

（一）选择题

1~5　D　C　B　A　D　　6~10　D　A　C　C　A

11~15　C　D　B　B　D

（二）判断题

1. ×　2. ×　3. ✓　4. ×　5. ×

6. ×　7. ×　8. ✓　9. ×　10. ✓

（三）填空题

1. 82　2. 8　3. 6　4. 8　5. auto

（四）程序改错题

1.

位置 1: y=1;

位置 2: d=a-i;

2.

位置 1: t+=s[k];

位置 2: *aver=ave

（五）程序填空题

1.

位置 1: 0【或】'\0'

位置 2: 0

位置 3: c

2.

位置 1: N

位置 2: N-1

位置 3: 0

（六）程序设计题

```
int i,slenth,n=0;
slenth=strlen(s);
for(i=1;i<slenth;i+=2)
   t[n++]=s[i];
t[n]='\0';
```

五、综合自测题（五）

（一）选择题

1 ~ 5　C　D　C　B　A　　　6 ~ 10　A　C　B　B　A

11 ~ 15　D　A　A　C　B

（二）判断题

1. ×　2. ×　3. √　4. ×　5. ×

6. √　7. √　8. ×　9. ×　10. ×

（三）填空题

1. a=3,b=7　2. 3　3. break　4. 0　5. 1

（四）程序改错题

1.

位置 1: float y;

位置 2: if (x<0 && x!=-3.0)

位置 3: return y;

2.

位置 1: if(t==0)

位置 2: *zero=count;

（五）程序填空题

1.

位置 1: t[][N]

位置 2: i=0;i<n

位置 3: s

2.

位置 1: s[i]

位置 2: '9'

位置 3: *t=n

（六）程序设计题

```
int cnt=0,i=0;
while(ss[i])
{if(ss[i]==c)cnt++;i++;}
return cnt;
```

附录

附录 A 常见编译错误信息

说明：C 源程序在调试运行时有时会出现一些错误，一般分为三种类型：致命错误、一般错误和警告。其中，致命错误通常是内部编译出错；一般错误指程序的语法错误、磁盘或内存存取错误或命令行错误等；警告则只是指出一些值得怀疑的情况，并不防止编译的进行。

下面按字母顺序分别列出致命错误及一般错误信息英汉对照及处理方法。

1. 致命错误英汉对照及处理方法

错误显示	中文意思	分析与处理
Bad call of in-line function	内部函数非法调用	在使用一个宏定义的内部函数时，没能正确调用。一个内部函数以两个下画线（_ _）开始和结束
Irreducable expression tree	不可约表达式树	文件行中的表达式太复杂，代码生成程序无法为它生成代码。这种表达式必须避免使用
Register allocation failure	存储器分配失败	文件行中的表达式太复杂，代码生成程序无法为它生成代码。应简化这种繁杂的表达式或干脆避免使用它

2. 一般错误信息英汉照及处理方法

错误显示	中文意思	分析与处理
#operator not followed by maco argument name	#运算符后没跟宏变元名	在宏定义中，#用于标识一宏变串。“#”号后必须跟一个宏变元名

续表

错误显示	中文意思	分析与处理
xxxxxx not anargument	xxxxxx 不是函数参数	在源程序中将该标识符定义为一个函数参数，但此标识符没有在函数中出现
Ambiguous symbol xxxxxx	二义性符号 xxxxxx	两个或多个结构的某一域名相同，但具有的偏移、类型不同。在变量或表达式中引用该域而未带结构名时，会产生二义性，此时需修改某个域名或在引用时加上结构名
Argument # missing name	参数 # 名丢失	参数名已脱离用于定义函数的函数原型。如果函数以原型定义，该函数必须包含所有的参数名
Argument list syntax error	参数表出现语法错误	函数调用的参数间必须以逗号隔开，并以右括号结束。若源文件中含有一个其后不是逗号也不是右括号的参数，则出错
Array size too large	数组太大	定义的数组太大，超过了可用内存空间
Assembler statement too long	汇编语句太长	内部汇编语句最长不能超过 480 字节
Bad configuration file	配置文件不正确	TURBOC.CFG 配置文件中包含的不是合适命令行选择项的非注解文字。配置文件命令选择项必须以一个短横线开始
Bad file name format in include directive	包含指令中文件名格式不正确	包含文件名必须用引号（"filename.h"）或尖括号（<filename>）括起来，否则将产生本类错误。如果使用了宏，则产生的扩展文本也不正确，因为无引号没办法识别
Bad ifdef directive syntax	ifdef 指令语法错误	#ifdef 必须以单个标识符（只此一个）作为该指令的体
Bad ifndef directive syntax	ifndef 指令语法错误	#ifndef 必须以单个标识符（只此一个）作为该指令的体
Bad undef directive syntax	undef 指令语法错误	#undef 指令必须以单个标识符（只此一个）作为该指令的体
Bad file size syntax	位字段长语法错误	一个位字段长须是 1 ~ 16 位的常量表达式
Call of non-function	调用未定义函数	正被调用的函数无定义，通常是由于不正确的函数声明或函数名拼错而造成
Cannot modify a const object	不能修改一个常量对象	对定义为常量的对象进行不合法操作（如常量赋值）引起本错误

续表

错误显示	中文意思	分析与处理
Case outside of switch	case 出现在 switch 外	编译程序发现 case 语句出现在 switch 语句之外，这类故障通常是由括号不匹配造成
Case statement missing	case 语句漏掉	case 语句必须包含一个以冒号结束的常量表达式，如果漏了冒号或在冒号前多了其他符号，则会出现此类错误
Character constant too long	字符常量太长	字符常量的长度通常只能是一个或两个字符长，超过此长度则会出现这种错误
Compound statement missing	漏掉复合语句	编译程序扫描到源文件尾时，未发现结束符号（花括号），此类故障通常是由于花括号不匹配所致
Conflicting type modifiers	类型修饰符冲突	对一指针，只能指定一种变址修饰符（near 或 far）；而对于同一函数，也只能给出一种语言修饰符（Cdecl、pascal 或 interrupt）
Could not find file xxxxxx.xxx	找不到 xxxxxx.xx 文件	编译程序找不到命令行上给出的文件
Declaration missing	漏掉了说明	当源文件中包含了一个 struct 或 union 域声明，而后漏掉了分号，则会出现此类错误
Declaration needs type or storage class	说明必须给出类型或存储类	正确的变量说明必须指出变量类型，否则会出现此类错误
Declaration syntax error	说明出现语法错误	在源文件中，若某个说明丢失某些符号或输入多余的符号，则会出现此类错误
Default outside of switch	default 语句在 switch 语句外出现	这类错误通常是由于括号不匹配引起的
Define directive needs an identifier	define 指令必须有一个标识符	#define 后面的第一个非空格符必须是一个标识符，若该位置出现其他字符，则会引起此类错误
Division by zero	除数为零	当源文件的常量表达式出现除数为零的情况，则会造成此类错误
Do statement must have while	do 语句中必须有 while 关键字	若源文件中包含了一个无 while 关键字的 do 语句，则出现本错误
Do while statement missing (	do while 语句中漏掉了符号 (	在 do 语句中，若 while 关键字后无左括号，则出现本错误
Do while statement missing ;	do while 语句中掉了分号	在 do 语句的条件表达式中，若右括号后面无分号则出现此类错误
Duplicate Case	case 情况不唯一	switch 语句每个 case 必须有一个唯一的常量表达式值。否则导致此类错误发生

续表

错误显示	中文意思	分析与处理
Enum syntax error	enum 语法错误	若 enum 说明的标识符表格式不对，将会引起此类错误发生
Enumeration constant syntax error	枚举常量语法错误	若赋给 enum 类型变量的表达式值不为常量，则会导致此类错误发生
Error Directive : xxxx	error 指令 ：xxxx	源文件处理 #error 指令时，显示该指令指出的信息
Error Writing output file	写输出文件错误	这类错误通常是由于磁盘空间已满，无法进行写入操作而造成
Expression syntax error	表达式语法错误	本错误通常是由于出现两个连续的操作符，括号不匹配或缺少括号、前一语句漏掉了分号引起的
For statement missing)	for 语名缺少)	在 for 语句中，如果控制表达式后缺少右括号，则会出现此类错误
For statement missing (	for 语句缺少 (	
For statement missing;	for 语句缺少 ；	在 for 语句中，当某个表达式后缺少分号，则会出现此类错误
Function call missing)	函数调用缺少)	如果函数调用的参数表漏掉了右手括号或括号不匹配，则会出现此类错误
Function doesnt take a variable number of argument	函数不接收可变的参数个数	
Goto statement missing label	goto 语句缺少标号	
If statement missing (	if 语句缺少 (	
If statement missing)	if 语句缺少)	
Illegal initalization	非法初始化	
Illegal octal digit	非法八进制数	此类错误通常是由于八进制常数中包含了非八进制数字所致
Illegal pointer subtraction	非法指针相减	
Illegal use of floating point	浮点运算非法	
Illegal use of pointer	指针使用非法	
Improper use of a typedef symbol	typedef 符号使用不当	
Incompatible storage class	不相容的存储类型	
Incompatible type conversion	不相容的类型转换	

续表

错误显示	中文意思	分析与处理
Incorrect commadn file argument:xxxxxx	不正确的配置文件参数：xxxxxxx	
Incorrect number format	不正确的数据格式	
Incorrect use of default	default 不正确使用	
Initializer syntax error	初始化语法错误	
Invalid macro argument separator	无效的宏参数分隔符	
Invalid pointer addition	无效的指针相加	
Invalid use of dot	点使用错	
Macro expansion too long	宏扩展太长	
Mismatch number of parameters in definition	定义中参数个数不匹配	
Misplaced break	break 位置错误	
Misplaced continue	位置错	
Misplaced decimal point	十进制小数点位置错	
Misplaced else	else 位置错	
Misplaced else driective	clse 指令位置错	
Misplaced endif directive	endif 指令位置错	
Must be addressable	必须是可编址的	
Must take address of memory location	必须是内存 - 地址	
No file name ending	无文件终止符	
No file names given	未给出文件名	
Non-protable pointer assignment	对不可移植的指针赋值	
Non-protable pointer comparison	不可移植的指针比较	
Non-protable return type conversion	不可移植的返回类型转换	
Not an allowed type	不允许的类型	
Out of memory	内存不够	
Pointer required on left side of	操作符左边须是一指针	
Redeclaration of xxxxxx	xxxxxx 重定义	
Size of structure or array not known	结构或数组大小不定	

续表

错误显示	中文意思	分析与处理
Statement missing;	语句缺少;	
Structure or union syntax error	结构或联合语法错误	
Structure size too large	结构太大	
Subscription missing]	下标缺少]	
Switch statement missing (	switch 语句缺少 (	
Switch statement missing)	switch 语句缺少)	
Too few parameters in call	函数调用参数太少	
Too few parameter in call toxxxxxx	调用 xxxxxx 时参数太少	
Too many cases	case 太多	
Too many decimal points	十进制小数点太多	
Too many default cases	default 太多	
Too many exponents	阶码太多	
Too many storage classes in declaration	说明中存储类太多	
Too many types in declaration	说明中类型太多	
Too much auto memory in function	函数中自动存储太多	
Too much global define in file	文件中定义的全局数据太多	
Two consecutive dots	两个连续点	
Type mismatch in parameter #	参数 # 类型不匹配	
Type mismatch in parameter # in call to XXXXXXX	调用 XXXXXXX 时参数 # 类型不匹配	
Type mismatch in parameter XXXXXXX	参数 XXXXXXX 类型不匹配	
Type mismatch in parameter YYYYYYYY in call to YYYYYYYY	调用 YYYYYYY 时参数 XXXXXXXX 数型不匹配	
Type mismatch in redeclaration of XXX	重定义类型不匹配	
Unable to creat output file XXXXXXXX.XXX	不能创建输出文件 XXXXXXXX.XXX	
Unable to create turboc.lnk	不能创建 turboc.lnk	

续表

错误显示	中文意思	分析与处理
Unable to execute command xxxxxxxx	不能执行 xxxxxxxx 命令	
Unable to open include file xxxxxxx.xxx	不能打开包含文件 xxxxxxxx.xxx	
Unable to open inputfile xxxxxxx.xxx	不能打开输入文件 xxxxxxxx.xxx	
Undefined label xxxxxxx	标号 xxxxxxx 未定义	
Undefined structure xxxxxxxxx	结构 xxxxxxxxxx 未定义	
Undefined symbol xxxxxxx	符号 xxxxxxxx 未定义	
Unexpected end of file in comment started on line #	源文件在某个注释中意外结束	
Unexpected end of file in conditional stated on line #	源文件在 # 行开始的条件语句中意外结束	
Unknown preprocessor directive xxx	不认识的预处理指令：xxx	
Untermimated character constant	未终结的字符常量	
Unterminated string	未终结的串	
Unterminated string or character constant	未终结的串或字符常量	
User break	用户中断	
Value required	赋值请求	
While statement missing (	While 语句漏掉 (	
While statement missing)	While 语句漏掉)	
Wrong number of arguments in of xxxxxxxx	调用 xxxxxxxx 时参数个数错误	

附录 B 计算机基础知识训练题

在 C 程序编写过程中或学习 C 程序设计之后需要进行计算机等级考试，经常需要用到计算机基础知识。计算机基础知识涵盖了基本数据结构与算法、程序设计基础、软件工程基础以及数据库设计基础，是计算机课程的重要组成部分。可以通过训练达到掌握的目的。

一、热点问题

(1) 云计算。云计算将计算任务分布在大量计算机构成的资源池上，使各种应用系统能够根据需要获取计算力、存储空间和各种软件服务。

狭义的云计算指的是厂商通过分布式计算和虚拟化技术搭建数据中心或超级计算机，以免费或按需租用方式向技术开发者或者企业客户提供数据存储、分析以及科学计算等服务，比如亚马逊数据仓库出租生意。

广义的云计算指厂商通过建立网络服务器集群，向各种不同类型客户提供在线软件服务、硬件租借、数据存储、计算分析等不同类型的服务。广义的云计算包括了更多的厂商和服务类型，例如国内用友、金蝶等管理软件厂商推出的在线财务软件，谷歌发布的Google应用程序套装等。

（2）物联网。物联网（The Internet of Things）是通过射频识别（RFID）、红外感应器、全球定位系统、激光扫描器等信息传感设备，按约定的协议，把任何物品与互联网相连接，进行信息交换和通信，以实现智能化识别、定位、跟踪、监控和管理的一种网络。物联网与互联网相对，但不同于互联网。物联网是物物相连的互联网，用于实现智能化识别和管理。首先，物联网的核心和基础仍然是互联网，是在互联网基础上的延伸和扩展的网络；其次，物联网的用户端基于任何物品与物品之间，进行信息交换和通信。

物联网运行过程可以分为三步：

① 对物体属性进行标识，属性包括静态和动态的属性，静态属性可以直接存储在标签中，动态属性需要先由传感器实时探测。

② 需要识别设备完成对物体属性的读取，并将信息转换为适合网络传输的数据格式。

③ 将物体的信息通过网络传输到信息处理中心（处理中心可能是分布式的，如家里的计算机或者手机，也可能是集中式的，如中国移动的IDC），由处理中心完成物体通信的相关计算。

（3）大数据。大数据（Big Data）是指所涉及的规模巨大的数据。随着时代的不断进步以及科技的飞速发展，互联网、物联网、移动通信、管理信息化、电子商务等技术不断相互渗透，并作用到国家、企业和民生的方方面面，今天，人们用大数据来描述和定义信息爆炸时代产生的海量数据，以及在合理时间内达到撷取、管理、处理、并整理成为帮助人们处理事务和决策等更积极目的的资讯与知识。

（4）人工智能。人工智能（Artificial Intelligence，AI）是研究、开发用于模拟、延伸和扩展人的智能的理论、方法、技术及应用系统的一门新的技术科学。

人工智能是计算机科学的一个分支，它企图揭示智能的实质，并生产出一种新的能以人类智能相似的方式做出反应的智能机器，该领域的研究包括机器人、语言识别、图像识别、自然语言处理和专家系统等。

二、习题

1. 下列关于数据库设计的叙述中正确的是（　　）。

   A. 在物理设计阶段建立数据字典　　B. 在逻辑设计阶段建立数据字典

   C. 在概念设计阶段建立数据字典　　D. 在需求分析阶段建立数据字典

2. 下列叙述中错误的是（　　）。

   A. 数据库中的数据独立于应用程序而不依赖于应用程序

   B. 数据库管理系统是数据库的核心

C. 数据共享最好的是数据库系统阶段

D. 数据库系统由数据库、数据库管理系统、数据库管理员三部分组成

3. 下列叙述中正确的是（　　）。

A. 数据库是存储在计算机存储设备中的、结构化的相关数据的集合

B. 数据库设计是指设计数据库管理系统

C. 数据库系统中数据的物理结构必须与逻辑结构一致

D. 数据库不需要操作系统的支持

4. 在面向对象方法中不属于“对象”基本特点的是（　　）。

A. 分类性　　B. 多态性　　C. 一致性　　D. 标识唯一性

5. 下面不属于软件设计原则的是（　　）。

A. 信息隐蔽　　B. 自底向上　　C. 抽象　　D. 模块化

6. 下列选项中不属于数据管理员（DBA）职责的是（　　）。

A. 数据库设计　　B. 数据类型转换

C. 改善系统性能，提高系统效率　　D. 数据库维护

7. 数据库概念设计的过程中以下各项中不属于视图设计设计次序的是（　　）。

A. 自顶向下　　B. 由整体到个体

C. 由内向外　　D. 由底向上

8. 下列方法中属于白盒法设计测试用例的方法的是（　　）。

A. 边界值分析　　B. 错误推测　　C. 基本路径测试

9. 下列四种 PC 常用 I/O 接口中数据传输速率最高的是（　　）。

A. PS/2　　B. USB 3.0　　C. IEEE 1394b　　D. SATA

10. 在下列几种排序方法中，要求内存量最大的是（　　）。

A. 快速排序　　B. 归并排序

C. 冒泡排序　　D. 插入排序和选择排序

11. 在关系数据库中用来表示实体之间联系的是（　　）。

A. 元组　　B. 二维表　　C. 文件　　D. E-R 图

12. 下列对于线性链表的描述中正确的是（　　）。

A. 存储空间不一定连续，且前件元素一定存储在后件元素的前面

B. 存储空间不一定连续，且各元素的存储顺序是任意的

C. 存储空间必须连续，且各元素的存储顺序是任意的

D. 存储空间必须连续，且前件元素一定存储在后件元素的前面

13. 下列叙述中正确的是（　　）。

A. 有一个以上根结点的数据结构不一定是非线性结构

B. 只有一个根结点的数据结构不一定是线性结构

C. 循环链表是非线性结构

D. 双向链表是非线性结构

14. 在软件工程中，白箱测试法可用于测试程序的内部结构。此方法将程序看作（　　）。

A. 路径的集合　　B. 目标的集合

C. 选择的集合　　D. 操作的集合

15. 下列叙述中正确的是（　　）。

A. 表示关系的二维表中各元组的每一个分量还可以分成若干数据项

B. 为了建立一个关系，首先要构造数据的逻辑关系

C. 一个关系可以包括多个二维表

D. 一个关系的属性名表称为关系模式

16. 在学校中，“班级”与“学生”两个实体集之间的联系属于（　　）关系。

A. 多对一　　B. 多对多

C. 一对一　　D. 一对多

17. 在数据管理技术发展过程中，文件系统与数据库系统的主要区别是数据库系统具有（　　）。

A. 特定的数据模型　　B. 专门的数据管理软件

C. 数据较低的冗余度　　D. 数据共享度高

18. 下列叙述中正确的是（　　）。

A. 顺序存储结构能存储有序表，链式存储结构不能存储有序表

B. 顺序存储结构的存储一定是连续的，链式存储结构的存储空间不一定是连续的

C. 链式存储结构比顺序存储结构节省存储空间

D. 顺序存储结构只针对线性结构，链式存储结构只针对非线性结构

19. 下列模式中能够给出数据库物理存储结构与物理存取方法的是（　　）。

A. 外模式　　B. 概念模式　　C. 逻辑模式　　D. 内模式

20. 下列叙述中正确的是（　　）。

A. 软件维护是指修复程序中被破坏的指令

B. 软件交付使用后其生命周期就结束

C. 软件交付使用后还需要进行维护

D. 软件一旦交付使用就不需要再进行维护

21. 在数据库系统的组织结构中，下列（　　）映射把用户数据库与概念数据库联系了起来。

A. 模式 / 内模式　　B. 内模式 / 模式

C. 外模式 / 模式　　D. 内模式 / 外模式

22. 在下列常用应用软件中，不能对编辑的文档设置密码的是（　　）。

A. Microsoft FrontPage　　B. Microsoft Word

C. Microsoft Excel　　D. Microsoft PowerPoint

23. 详细设计主要确定每个模块具体执行过程，也称过程设计，下列不属于过程设计工具的是（　　）。

A. N-S 图　　B. DFD 图　　C. PDL　　D. PAD 图

24. 数据库系统的核心是（　　）。

A. 数据库管理系统　　B. 数据库设计

C. 数据模型　　D. 软件开发

25. 下列叙述中错误的是（　　）。

A. 堆排序属于选择类排序　　B. 快速排序属于选择类排序

C. 冒泡排序属于交换类排序　　D. 希尔排序属于插入排序

26. 以下（　　）不属于对象的基本特征。

A. 分类性　　B. 封装性　　C. 多态性　　D. 继承性

27. 将E-R图转换到关系模式时，实体与联系都可以表示成（　　）。

A. 关系　　B. 记录　　C. 码　　D. 属性

28. 支持子程序调用的数据结构是（　　）。

A. 二叉树　　B. 树　　C. 队列　　D. 栈

29. 软件需求分析阶段的工作，可以分为四个方面：需求获取、编写需求规格说明书、需求评审和（　　）。

A. 需求总结　　B. 需求分析

C. 阶段性报告　　D. 都不正确

30. 结构化程序设计的基本原则不包括（　　）。

A. 多态性　　B. 逐步求精　　C. 自顶向下　　D. 模块化

31. 下列描述中正确的是（　　）。

A. 栈与队列是非线性结构　　B. 双向链表是非线性结构

C. 只有根结点的二叉树是线性结构　　D. 线性链表是线性表的链式存储结构

32. 在软件开发中，需求分析阶段可以使用的工具是（　　）。

A. 程序流程图　　B. PAD图　　C. DFD图　　D. N-S图

33. 数据库应用系统中的核心问题是（　　）。

A. 数据库设计　　B. 数据库维护

C. 数据库系统设计　　D. 数据库管理员培训

34. 设一棵满二叉树共有15个结点，则在该满二叉树中的叶子结点数为（　　）。

A. 9　　B. 8　　C. 7　　D. 10

35. 为了使模块尽可能独立，要求（　　）。

A. 内聚程度要尽量高，耦合程度要尽量弱

B. 内聚程度要尽量低，耦合程度要尽量弱

C. 内聚程度要尽量高，耦合程度要尽量强

D. 内聚程度要尽量低，耦合程度要尽量强

36. 按条件f对关系R进行选择，其关系代数表达式为（　　）。

A. $\sigma_f(R)$　　B. $R \bowtie R_f$　　C. $\pi_f(R)$　　D. $R \bowtie R$

37. 开发软件所需高成本和产品的低质量之间有着尖锐的矛盾，这种现象称为（　　）。

A. 软件矛盾　　B. 软件耦合

C. 软件产生　　D. 软件危机

38. 下列选项中不属于模块间耦合的是（　　）。

A. 异构耦合　　B. 数据耦合

C. 内容耦合　　D. 控制耦合

39. 软件调试的目的是（　　）。

A. 改正错误　　B. 发现错误

C. 验证软件的正确性　　D. 改善软件的性能

40. 某二叉树中，度为 2 的结点有 10 个，则该二叉树中，有（　　）个叶子结点。

A. 11　　B. 12　　C. 9　　D. 10

41. 使用存储器存储二进制位信息时，存储容量是一项很重要的性能指标。存储容量的单位有很多种，下列不是存储容量单位的是（　　）。

A. GB　　B. XB　　C. TB　　D. MB